AF493559

THÉORIE TOUTE NOUVELLE

DES

NOMBRES PAIRS ET IMPAIRS

PARIS. — IMPRIMERIE ARNOUS DE RIVIÈRE, RUE RACINE, 26.

THÉORIE TOUTE NOUVELLE DES NOMBRES

PAIRS ET IMPAIRS,

dont la connaissance est indispensable
à TOUS,
attendu que, parmi ses avantages,
il y a celui-ci fort curieux
et resté INAPERÇU jusqu'à présent :
une PERSONNE,
bien que ne connaissant aucune des RÈGLES de l'*arithmétique*,
pas même les TABLES d'ADDITION et de MULTIPLICATION,
mais seulement la NUMÉRATION CHIFFRÉE,
et les nombres PAIRS et IMPAIRS,
par habitude,
jugera, d'un coup d'œil,
s'il y a CERTITUDE ou NON,
que l'ADDITION ou la DIVISION considérables
qu'un ARITHMÉTICIEN du 1er ordre vient d'effectuer
est FAUSSE,
chose que celui-ci ignore.

PAR

P. G. GUY

Officier supérieur d'artillerie en retraite, ancien élève de l'École polytechnique,
Auteur de la Division abrégée et du *Cours* d'arithmétique vulgaire et savante, SANS MAÎTRE,
d'après les Notions du sens commun.

PRIX : 3 FRANCS.

PARIS

CHEZ L'AUTEUR, 1, RUE DE FLEURUS

ET CHEZ LES PRINCIPAUX LIBRAIRES.

1878

A LA MÉMOIRE DE THIERS,

DU PREMIER PRÉSIDENT DE LA RÉPUBLIQUE.

J'ai 2 motifs puissants de reconnaissance pour lui dédier ce petit ouvrage qu'il aurait lu avec intérêt, s'il avait vécu.

Le 1er motif est celui-ci : la République a été le *desiderata* invariable de toute ma vie, ayant compris à 17 ans, dès mon entrée à l'École Polytechnique, que l'ÉGOÏSME de la RAISON doit avoir pour *surveillant* et pour *correctif* le NOMBRE. Je puis même dire, sans craindre d'être contredit par qui que ce soit ayant servi comme moi dans le corps d'artillerie, que cette opinion qui ne fut jamais secrète a compromis ma carrière militaire ; M. de La HITTE ancien président du Comité et Son ALTESSE le duc de MONTPENSIER, mon ancien général, en savent quelque chose (1). Or, si à l'âge de 84 ans, j'ai le bonheur de voir que la majorité de la France reconnaît enfin que c'est là l'idée vraie, l'idée juste, c'est à lui que je le dois, à lui dont l'influence toute-puissante sur la bourgeoisie française l'a consolidée pour longtemps, pour bien longtemps ; et si je ne dis pas pour toujours, c'est que les mauvaises passions des hommes dont elle contrarie

(1) Je dois à la vérité de dire, quant à son ALTESSE, que son aide de camp le *général* THIERRY, mon camarade de promotion et mon intime à l'École Polytechnique, m'a confié à Eu, en août 1847, que le PRINCE était animé pour moi des meilleures intentions, mais les événements survenus 6 mois après, en février 1848, ne lui permirent pas de les réaliser.

les appétits sont un ver rongeur qui, à l'aide du temps, si l'on n'y veille constamment, mine et ruine les institutions les plus nécessaires : le Ministère du 17 mai, et ses conséquences logiques ou fatales, sont la preuve éclatante de cette vérité, car c'est un miracle que cette conspiration ourdie contre la république par *ceux-là* même qui étaient grassement payés pour la défendre n'ait pas réussi.

Le 2e motif est celui-ci. En 1868, peu de jours après la publication du 1er volume de mon COURS d'arithmétique savante, SANS MAITRE, d'après les *notions* du *sens commun*, véritable révolution, dans l'enseignement de la *science fondamentale*, je lui en envoyai la PRÉFACE, en lui disant que si elle lui inspirait le désir de lire l'ouvrage lui-même, je serais heureux et fier de lui en faire hommage. Le lendemain je reçus de lui la lettre dont on lira le *fac-simile* ci-contre. Je courus donc chez lui pour lui offrir mon livre, et sur son observation qu'il l'avait commandé à son libraire, je lui dis : Vous donnerez celui-là à l'un de vos amis, je tiens à honneur que vous lisiez la nouvelle doctrine dans celui que je vous offre. Il l'accepta gracieusement et me dit : Je vous promets de le lire avec la plus grande attention aussitôt que la session parlementaire sera finie; et malgré ses 600 pages, il tint sa promesse, ainsi que cela résulte de la lettre qui me fut écrite par son ordre, lorsque je lui envoyai la 1re *livraison* du 2e volume contenant 300 pages, lettre qu'on lira page III.

Quand ce grand esprit, le seul homme d'État français qui connût et aimât avec passion les sciences mathématiques, s'est donné la peine, à l'âge de 72 ans et malgré ses grands travaux, de lire 900 pages traitant de la science fondamentale qu'il connaissait *sous une autre forme*, c'est un grand encouragement donné à la jeunesse dont la saine raison est sourde à la doctrine classique, et pour qui l'*arithmétique raisonnée* n'est plus désormais un LIVRE FERMÉ ; or, si on n'est passé maître dans cette 1re science, on ne peut comprendre celles auxquelles elle sert d'appui.

Monsieur,

M. Thiers se serait fait un véritable plaisir de recevoir Monsieur Guy et d'examiner avec lui la suite de son cours d'arithmétique, dont le 1er volume lui a offert tant d'intérêt. Malheureusement, il est en ce moment dans de très-vives préoccupations au sujet de la santé d'une personne de sa famille et il lui est impossible d'assigner aucun rendez-vous. Il prie Monsieur Guy de croire à son regret, et de vouloir bien recevoir, avec ses excuses de ne pas lui écrire de sa propre main, l'assurance de sa considération la plus distinguée.

Paris, 21 août.

PRÉFACE

La THÉORIE dont il s'agit est un extrait non publié encore de mon COURS d'arithmétique vulgaire et savante, SANS MAÎTRE (1), d'après les notions du *sens commun.* Logiquement, elle vient immédiatement après ce qui a été déjà publié sur le LIVRE DES PRINCIPES, bien que ce soit là un épisode; aussi je la mets au jour avant les *opérations* sur les nombres concrets à *unité* de dénomination *fractionnaire* que j'avais annoncées, et cela pour deux raisons majeures que je livre à l'appréciation du public.

La première : c'est que cette THÉORIE, qui est toute nouvelle et contient une foule de *vérités* dont la connaissance est d'une utilité de tous les instants, a aussi pour conséquence que CELUI qui la connaît, ne sût-il aucune des *règles* de l'*arithmétique*, pas même les TABLES d'*addition* et de *multiplication*, pourrait juger, d'un coup d'œil, s'il y a CERTITUDE ou NON que l'*addition* ou la *division* fatigante qu'un *arithméticien* du *premier ordre* vient d'effectuer est FAUSSE, ce que celui-ci ignore. Quand on pense que les AUTEURS CLASSIQUES enseignent tous des *preuves* des *opérations*, bien qu'ils reconnaissent eux-mêmes que ces *prétendues preuves* ne prouvent rien d'une manière absolue, on conviendra que le *fait* dont je parle et qu'aucun d'eux n'a jamais aperçu, puisque la THÉORIE des nombres *pairs* et *impairs* n'a jamais été faite, est là preuve manifeste qu'ils se copient les uns les autres depuis des siècles; or, cette *idée*, qui jouit des trois qualités les plus

(1) On pourrait l'appeler aussi cours d'arithmétique logique.

attrayantes : *originale*, *curieuse* et *utile*, a pour PÈRE un homme de quatre-vingt-trois ans; il fallait donc la publier le plus tôt possible, car elle courait le risque de périr avec lui.

La seconde raison : c'est qu'il me tarde de *réagir* contre un *vilain acte* que m'a attiré la partie publiée de mon COURS d'arithmétique SANS MAÎTRE, justement parce que, en le qualifiant ainsi, j'*affirme* un grand progrès dans la *science* des *nombres*, puisque désormais le *livre* lui-même sera l'*interprète* de cette science. Cet acte dont je veux rendre le public juge viendra après celui-ci qui lui sert de préliminaire.

En 1845, étant alors capitaine d'artillerie, je publiai un petit ouvrage sur la *division abrégée*, et cela à l'*incitation* des deux commissaires-rapporteurs de l'Académie des sciences, BINET et CAUCHY, ainsi que je le dis dans cet ouvrage même où se trouve l'approbation de cet illustre corps certifiée par ARAGO, son secrétaire perpétuel.

Ma THÉORIE de la *division abrégée* était aussi une *idée* toute nouvelle (1) ; ce qu'enseignaient à cet égard quelques auteurs de l'époque, qui le tenaient de la *tradition*, était complétement *faux*. A peine mon livre était-il publié qu'un certain M. CIRODDE, professeur de *mathématiques* au LYCÉE *Henri IV*, en introduisit la partie la plus importante dans son *livre d'arithmétique*, sans ma permission, et sans dire même mon NOM. Je lui écrivis que je lui permettais bien de prendre la *règle*, mais non la *démonstration* ; que, pour elle il devait renvoyer à l'auteur, en le nommant. Il me répondit, c'est à peine croyable, qu'un homme qui avait l'honneur de porter l'*épée* et qui faisait du *mercantilisme* jouait un fort vilain rôle. Je répondis à cette impertinence, en lui défendant formellement de mettre la *démonstration*, et comme il résistait, je m'adressai à Me LIOUVILLE, alors BATONNIER de l'ordre des avocats et frère du membre de l'Académie des Sciences, pour l'y contraindre par la loi. Me LIOUVILLE étant aux Eaux de VICHY, je parlai à son fils qui vit encore, et qui, ayant écrit à son

(1) 72 pages 1 fr. 50, chez l'auteur.

père, me dit, de sa part, dans mon intérêt, qu'un tel *procès* me nuirait auprès de l'Académie des Sciences. Ainsi, d'une part, j'avais publié mon *livre* sur l'*incitation*, pour ainsi dire, de l'Académie des Sciences elle-même, puisqu'elle est représentée par ses commissaires-rapporteurs, et, d'autre part, on s'emparait de mon *idée* pour m'empêcher de le vendre, alors que je n'étais pas très-riche en fonds.

En 1852, M. Serret, aujourd'hui membre de l'Académie des Sciences, mit mon livre presque tout entier dans son *Traité d'arithmétique*, et, pour adoucir le coup porté à mes intérêts, il me fit parvenir par mon libraire, M. Mathias, un exemplaire du sien, où il y a grands éloges pour l'*auteur* de la *division abrégée.* J'étais alors dans le *rang.* Les difficultés disgracieuses que j'avais eues avec M. Cirodde, la manière polie employée par M. Serret, firent que je me tus, quant à lui. Mon œuvre a donc figuré dans la sienne jusqu'en 1875, c'est-à-dire pendant vingt-trois ans; car, dans sa dernière *édition* de 1875, il a chassé le tout de son livre.

Pourquoi cela? Quel a été son but?

Certes, ce n'est pas la *théorie* qu'il a voulu chasser, bien que ce fût son droit, si elle était *fausse*, car alors il casserait le jugement de l'illustre corps qui lui a fait l'honneur de le recevoir parmi ses membres, ce qui n'est pas admissible.

Qu'a-t-il donc voulu chasser de son *livre* ? Évidemment mon NOM, et surtout les *éloges* qu'il lui accordait, éloges qui n'avaient certes pas l'importance de ceux que lui avait accordés l'Académie des Sciences. Je me suis laissé *piller* par lui pendant vingt-trois ans sans me plaindre ; ces vingt-trois ans de *domicile* dans son livre lui ôtaient le *droit* de m'en chasser sans dire *pourquoi*, et, puisqu'il ne veut pas le dire, je vais le faire pour lui.

C'est qu'en 1868 et 1869 avaient paru 2 *volumes* de mon Cours d'arithmétique savante, *sans maître*, qui est une critique si juste de l'enseignement officiel, qu'un ancien élève de l'*École Polytechnique*, rédacteur en chef de l'*Opinion Nationale*, n'hésita pas à dire : cet ouvrage est utile non-seulement à *ceux* qui veulent apprendre l'*Arithmétique*, mais *plus* encore peut-être *à tous ceux qui croient la savoir*, paroles loyales et d'une portée immense. Dans la *préface* de mon ouvrage, par allusion à M. SERRET, il est dit : les auteurs les plus en *renom* vous citent avec éloges dans leurs écrits, il s'est donc dit : si je maintiens ces éloges, je travaille contre *mes intérêts*, c'est là un concurrent dangereux, et puisqu'il m'est impossible d'attaquer sa doctrine, il faut prendre le parti le plus court, sinon le plus loyal, et aussitôt que ma *dernière édition* sera épuisée, je chasserai son *nom* de mon livre.

Cet acte que je livre à l'appréciation des gens de cœur n'étant pas dirigé contre ma *théorie* de la *division abrégée*, mais contre ma personne, je le tiens, quant à moi, pour une impertinence. Pour le forcer à parler, ce n'est plus l'enseignement officiel que je prendrai désormais à partie ; à commencer de cet ouvrage, ce sera son enseignement à lui, M. SERRET, qui sera l'objet de ma critique, puisque en sa qualité de membre de l'Académie des Sciences, il est réputé *l'interprête* le plus autorisé de l'*Arithmétique*. Sans doute, vu sa qualité, il est regrettable d'en être réduit là, car j'ai un profond respect pour l'illustre corps dont il fait partie ; mais puisqu'il l'a voulu, ce sera une lutte d'homme à homme, je veux le forcer à sortir de son *mutisme* et à attaquer publiquement mon *Cours* d'arithmétique, *sans maître*. Si, par cas, il était devenu muet, il trouvera bien parmi ses collègues de l'Académie, quelqu'un qui, pour l'honneur du corps, voudra bien lui rendre le service de défendre sa *doctrine* en attaquant la mienne. La lutte, dans la science, est de *droit*, sans quoi le progrès serait impossible, et un corps illustre comme l'Académie des Sciences, qui a éte *instituée* dans l'intérêt public, ne doit pas admettre que la science, elle aussi, soit devenue une boutique. J'ai 83 ans, et je ne veux pas quitter ce triste monde, sans avoir provoqué publiquement *ceux* qui sont les plus compétents à combattre ma doctrine, puisqu'ils tiennent de la LOI la mission de le faire. L'enseignement officiel, dont M. SERRET est l'interprête le plus autorisé, est plein de contradictions, de non-sens et de contre-sens. La plupart sont dus à ce qu'il n'y est pas plus question des *signes* de *multiple* et des *signes* de *subdivision* que de l'*Alcoran*, bien que ces deux sortes de *signes* soient l'âme de la science. Sans doute, il maintient dans son interprétation parlée, les mots *deux fois*, *trois fois*, *quatre fois*... etc., et ceux *moitié* ou *demi*, *tiers*, *quart*... etc, parce que sans eux, la science n'existerait pas; mais, dans son *langage scientifique*, ces mots si importants n'ont point de *signe* propre ; il confond les *premiers* avec les nombres 2, 3, 4... etc., et même les *seconds*, puisqu'il les traduit de cette manière : $\frac{1}{2}$, $\frac{1}{3}$, $\frac{1}{4}$, $\frac{1}{5}$... etc. qu'il énonce par la *voix*: *un demi*, *un tiers*, *un quart*, *un cinquième*,... etc., parce que les nombres 2, 3, 4, 5,... etc., sont *placés* en *dessous* du *trait* qui les sépare du nombre 1, et n'a point de *signification*. C'est là, dit-il, une *convention*. Je le veux bien, quoiqu'elle soit fort obscure. Mais s'y tient-il à cette *convention?* Pas le moins du monde. Plus tard, sans dire où il puise ce *droit*, il traduira ces mêmes expressions ainsi : un *divisé* PAR deux, un *divisé* PAR trois,... etc , de sorte que le *trait* de séparation qui n'avait aucune signification doit *signifier*, au besoin, *divisé* PAR , comme si le nombre 1 pouvait se *diviser* par un nombre *plus grand* que lui.

Cette interprétation, qui n'est qu'une monstrueuse confusion d'idées parfaitement distinctes par essence, d'idées qui ont leur *raison d'être*, parce qu'elles sont *nécessaires*, est un véritable éteignoir. Les *signes* de *multiple* et les *signes* de *subdivision* étant indispensables à la langue parlée, ne pas leur donner un *signe* propre dans le *langage scientifique*, alors que ces *signes* sont si faciles à instituer, est un acte insensé, un acte diabolique ; c'est absolument comme si on supprimait les 2 verbes *être* et *avoir*, dans la langue française, que dis-je, dans la langue de tout peuple civilisé, quelle triste langue cela ferait!

Ce que je dis là, car il y a bien d'autres sujets de critique que je signalerai à mesure qu'ils s'offriront naturellement, explique surabondamment pourquoi les intelligences les plus superbes déclarent, sans rougir, qu'elles n'ont rien compris à l'*Arithmétique raisonnée.* Je pourrais dire à cet égard [illegible] incroyables, mais les convenances m'interdisent de [illegible] noms célèbres en France. Le progrès que j'affirme [illegible] Cours d'arithmétique savante, *sans maître*, et qui [illegible] leur raison, a donc une importance capitale, alors sur[illegible] je ne suis pas seul à l'affirmer (1). L'instruction de la j[illegible] qui recule devant l'enseignement des mathématiques [illegible] qui peut désormais comprendre une science jusqu'à [illegible] incomprise, a donc tout à gagner à ma lutte avec M. S[illegible]

(1) Parmi mes lecteurs, l'affirment avec moi MM. Victor *Hugo*, l'abbé [illegible] *Glanet*, deux élèves de l'*École polytechnique*, un ingénieur civil, un [illegible] *Portici*, près *Naples*, etc., etc.

(2) A ce propos, je ne puis résister à la tentation de raconter deux [illegible] En 1845, quand je publiai la *Division abrégée*, je me rencontrai par [illegible] mon libraire, M. Mathias, quai Voltaire, avec le propriétaire de la [illegible] homme de 25 à 30 ans qui, dans une courte causerie que nous eûmes [illegible] proféra cette malédiction : l'*arithmétique raisonnée* abrutit la raison.

En 1868, quand je fis distribuer le *prospectus* de mon Cours d'*arith*[illegible] savante, sans maître, à la porte des lycées de Paris, poussé par mes habit[illegible] taires, je fus surveiller l'homme qui était chargé de ce soin. Arrivé sur la [illegible] *Lycée Bonaparte*, je vois un jeune homme de 18 à 20 ans qui, en rec[illegible] exemplaire et lisant Cours d'*arithmétique* savante, le froisse dans ses mains [illegible] fait une boule qu'il jette avec mépris, en s'écriant : « la science! ». Je [illegible] et lui dis : Monsieur, je suis l'auteur de cet ouvrage et ancien commandant [illegible] lerie, permettez-moi de vous dire que vous venez de faire là un acte [illegible] irréfléchi. Vous avez horreur de la science, à ce que je vois? Oui, Monsieur, [illegible] est inintelligible. Eh bien, ce livre vous donne justement raison en ce [illegible] c'est l'interprétation classique qui est inintelligible et non la science elle [illegible] qui, étant une langue logique, se développe uniquement à l'aide des notions [illegible] commun et est aussi claire que la langue que vous parlez. J'ai donc la certitu[illegible] les jeunes gens qui ont votre pétulance sont très-aptes à comprendre la [illegible] interprétation que vous venez de mépriser. Sur ce, il ramasse la boule, la [illegible] et me dit : Monsieur, je vous demande pardon et vous promets de lire ce [illegible] avec la plus grande attention; il entre dans le lycée, et moi je me retire [illegible] jamais convaincu de l'utilité de mon œuvre.

Sans doute, l'illustre Dalambert a écrit qu'il faut savoir être patient, la [illegible] devant venir plus tard à ceux qui persistent. N'en déplaise à ce grand esprit, [illegible] lumière qui ne vient que tard ne peut être qu'une lumière factice, une lumi[illegible] routine. Dans une langue logique par excellence comme l'est l'arithmétique [illegible] vraie lumière doit être présente du commencement à la fin, et surtout dès le [illegible] mencement. Sans cela, un très-petit nombre de personnes peuvent bien parv[illegible] la comprendre pour leur usage personnel, mais elles sont incapables de la [illegible] mettre *à coup sûr*, même à leurs propres enfants.

Lui, pour empêcher qu'elle me lise, a chassé mon NOM de son livre et les éloges qu'il lui accordait. Moi, au contraire, ayant grand intérêt à ce qu'on le lise, je procéderai en sens inverse de lui, je mettrai son NOM constamment dans le mien, et la jeunesse qu'on déclarait impuissante, inapte, sera de force à juger entre sa doctrine et la mienne.

Le VICAIRE de la cathédrale de SAINTES, l'abbé CLANET, avait prédit cette lutte. Dans une lettre devenue publique, il avait dit : Les mathématiciens classiques ne vous pardonneront jamais votre titre d'*arithmétique* savante, *sans maître*, et aussi d'y avoir répandu tant de lumière qu'elle est devenue la science du sens commun. Il n'a pas prévu que je n'aurais non plus aucun appui, même auprès de *celui* qui a charge d'intelligences, puisqu'il est ministre de l'instruction publique pour veiller au progrès. Quand je publiai le premier *volume* de la nouvelle doctrine, fruit de plus de trente années de méditations incessantes, M. DURUY qu'on tient à tort pour un *ami* du *progrès* était *ministre* de l'instruction publique. Je fis auprès de lui maintes démarches écrites pour le convaincre qu'il dépendait de lui de *centupler* les forces intellectuelles de la jeunesse, mes efforts furent vains. Sans doute, il eût fait quelque chose, s'il n'y avait eu personne à contrarier ; mais, dans un des plateaux de sa balance, il n'y avait que moi et la jeunesse, dans l'autre, quelques notabilités scientifiques à ménager, ce plateau fut le plus pesant. Pressé par moi, en termes pleins de force, que possède toujours celui qui a la vérité pour lui, il se décida enfin à demander un rapport. Je l'avais prié de me donner pour juges des hommes pris en dehors de la science, *fruits secs* même de cet enseignement (1), car ceux-là étaient les meilleurs pour moi : il choisit un *mathématicien classique*, c'est-à-dire un ennemi naturel de l'*arithmétique sans maître*, dont le rapport, cela va sans dire, ne me

(1) Chose singulière : ce sont ceux qui très-souvent deviennent plus tard les hommes les plus éminents dans les autres branches des connaissances humaines, ils ne manquaient donc pas de perspicacité.

fut pas favorable. Je demandai inutilement à connaître les termes de ce rapport, M. DURUY refusa de me les communiquer; je suis donc fondé à penser et à dire qu'il ne le demanda que dans son intérêt propre, c'est-à-dire pour se mettre lui-même à couvert, en cas de besoin. Depuis M. DURUY, il y a eu bien des ministres de l'instruction publique, je ne me suis adressé à aucun d'eux; mes instances auprès de l'*ami du progrès* m'avaient fatigué et éclairé; un réformateur, dans un cas comme le mien, où il s'agit d'une grande révolution dans l'enseignement de la science la plus utile, ne peut trouver d'appui que lorsqu'il y aura un ministre bien résolu à se ranger du côté de la vérité, du progrès, dût-il, pour cela, froisser l'amour-propre de quelques personnages. L'*arithmétique* savante, *sans maître*, a des ennemis puissants, la bureaucratie, qui les tient pour infaillibles, les craint. On a pu trouver, à l'instruction publique, tel penseur hardi regardant comme possible que l'homme descende du *singe*, mais, jusqu'à présent, il ne s'en est trouvé aucun qui tienne pour possible qu'il existe un moyen d'expliquer l'*arithmétique savante* de manière à être compris à l'instant même de celui à qui l'on parle, s'il n'est ni sourd, ni idiot. Cette idée fausse est devenue presque un *axiome*, par suite des résultats *négatifs* de l'enseignement officiel, et cela m'amène naturellement à rappeler un acte curieux d'un autre ministre de l'instruction publique, ce qui terminera cette longue critique de l'état actuel des choses, en ce qui concerne l'enseignement des mathématiques.

Cet enseignement a tant de *fruits secs* qu'un ministre, nommé FORTOUL, l'attribuant à la jeunesse, qui a *bon dos*, car il est reçu que c'est elle qui, malgré sa bonne volonté, n'a pas l'*aptitude*, puisqu'on ne peut attribuer les *résultats* qu'à elle, à la science ou à l'interprète, ce ministre, dis-je, bien que l'*arithmétique raisonnée* soit une langue logique par excellence, puisque c'est la raison même en exercice (1), bien qu'il

(1) Notre langue-mère est bien plus difficile, or Dieu a créé l'homme *apte* à toutes les langues.

n'y ait qu'une raison humaine, fit rendre un *décret* sur la BIFURCATION des études, décret reposant sur ce principe absurde, que les hommes naissent, *aptes* ou *inaptes*, à faire usage de la raison.

Revenant à la THÉORIE des nombres *pairs* et *impairs* : comme ce petit ouvrage n'est pas une spéculation, et qu'il serait mauvais d'obliger le *lecteur*, qui ne possède pas ce qui a déja paru du COURS *d'arithmétique sans maître*, à y recourir pour comprendre celui-ci, je pose ici le petit nombre de *prolégomènes* nécessaires, que j'extrais du *livre* des *principes* de l'*arithmétique* sans maître, pour qu'il se suffise à lui-même, c'est-à-dire pour qu'un jeune homme qui ne connaît que la *petite arithmétique* de *routine* puisse le comprendre à la seule lecture.

PROLÉGOMÈNES,

I. On appelle *quantité* ou *grandeur*, tout ce qui est susceptible d'*augmentation* et de *diminution*, c'est-à-dire de *plus* et de *moins*.

II. La *quantité* se manifeste à nous d'abord par les *êtres* ou *objets* de la nature, et ensuite par les *longueurs* ou *distances*, les *poids*, les *intervalles* de *temps*, etc. Ainsi : *un* homme, *deux* hommes, *trois* hommes, etc., sont des *quantités* d'hommes, de même que *un* mètre, *deux* mètres, *trois* mètres, etc., sont des *quantités* ou *longueurs*.

III. Il existe deux espèces de *quantités* : la *quantité discontinue* et la *quantité continue*.

IV. La *quantité discontinue* se manifestant par les *êtres* ou *objets* de la nature est CELLE où il suffit de *compter* pour la connaître parfaitement, puisque entre *rien* et *un homme*, il n'y a rien d'intermédiaire, de même qu'entre *un homme* et *deux hommes*, il n'y a rien d'intermédiaire, et ainsi de suite.

V. La *quantité continue*, au contraire, se manifestant par les longueurs, les poids, etc., est CELLE qu'on ne peut connaître qu'à l'aide d'une *mesure* à laquelle on la *compare* : le *mètre*, par exemple, s'il s'agit de *longueurs*, le *kilogramme*, s'il s'agit de *poids*, etc. ; car *mesurer*, *peser*, c'est *comparer* une *quantité* à une autre de même espèce qu'elle, et on *compte* en *mesurant* ou en *pesant*.

Toutefois en disant : cette longueur a *dix mètres*, ce *poids* pèse *douze kilogrammes*, on n'entend pas *affirmer* qu'il n'y a pas un peu *plus* ou un peu *moins* que *dix mètres* ou *douze kilogrammes*, mais que la *différence* est si minime qu'elle échappe à l'action des *sens*, parce que la *quantité continue* augmente ou diminue par *degrés insensibles*, attendu qu'entre *rien* et *un mètre*, il y a une foule inépuisable de *longueurs* intermédiaires, de même qu'entre *un mètre* et *deux mètres*, etc.; et même chose pour les *poids*, par exemple.

VI. On appelle *unité*, tout ce dont on dit *un*, pour dire ensuite, selon le besoin, *deux*, *trois*, *quatre*, etc. Ainsi, puisqu'on dit *un* homme, *un* arbre, l'homme, l'arbre sont des *unités* pour la *quantité* de l'espèce *discontinue*. De même, puisqu'on dit *un mètre*, *une livre*, *une heure*, le *mètre*, la *livre* et l'*heure* sont des *unités* pour la *quantité* de l'espèce *continue*.

Comme on voit : l'*unité* est elle-même une *quantité*. Pour le *discontinu*, l'*unité* est une chose naturelle, puisque c'est une *individualité* de l'espèce même que l'on *compte*; aussi *cette unité* est-elle très-certainement la *première* dont l'homme se soit servi.

A l'égard du *continu*, au contraire, l'*unité*, qui n'est rien autre que la *mesure*, n'est pas une chose naturelle; c'est une quantité *arbitraire*, mais déterminée par la *loi*, que nous tenons à notre disposition pour *mesurer* ou *évaluer* les *quantités* de même nature qu'elle, que nous lui *comparons*.

VII. La *quantité discontinue* et la *quantité continue* se distinguent l'une de l'autre par 4 *caractères* si *essentiels* qu'il suffit de les énoncer pour qu'ils soient admis à l'instant même comme faisant partie des *notions* du *sens commun;* aussi est-il absurde de ne pas les signaler en *arithmétique*.

1re *Différence*. La *quantité discontinue*, ai-je dit, se *compte*, ce qui permet de la connaître en toute perfection.

La *quantité continue*, au contraire, se *mesure*, se *pèse*, c'est-à-dire se *compare* à une autre de même espèce qu'elle, et l'on *compte* en *mesurant* ou en *pesant*. C'est là une 1re différence *essentielle*.

2e *Différence*. La *quantité discontinue* augmente ou diminue par *individualité* ou par *un*, et c'est pour cela qu'on la connait, en toute perfection, en *comptant*.

La *quantité continue*, au contraire, augmente ou diminue par *degrés insensibles*, et c'est pour cela qu'en *mesurant* ou en *pesant*, on ne la connaît pas en toute perfection, mais seulement autant qu'il est nécessaire pour les *besoins humains*. C'est là encore une 2e différence *essentielle*.

3e *Différence*. L'*individualité* qui est le point de départ ou l'*unité* pour compter la *quantité discontinue* est *indivisible*, c'est là son caractère *essentiel;* et cela est si vrai que ces mots : *individu*, *individualité*, proviennent du mot *indivisible* lui-même. On parlerait donc un langage barbare, on ferait un véritable outrage au *sens commun*, si l'on disait la *moitié*, le *tiers*, le *quart*, ... d'*un* homme ou d'*un* arbre. Ces mots *moitié*, *tiers*, *quart*, etc. qui sont connus de tous n'ont pas été *institués* pour être *liés* au nom d'une *individualité*, d'une *unité discontinue* ou *indivisible*. Si l'on dit la *moitié*, le *tiers*, le *quart*, etc. d'une *pomme*, d'une *orange*, c'est là un langage familier qui n'est pas un *non-sens;* il a une valeur qu'on ne saurait contester, mais à la condition pourtant qu'il s'agira d'une *pomme* ou d'une *orange* qui est là sous nos yeux, et alors il n'aura aucune *valeur scientifique*, et voici pourquoi :

Tous les *mètres* étant *égaux*, la *moitié* d'un *mètre* plus la *moitié* d'un *mètre* font *un mètre;* ce sont là *deux moitiés* d'une *même longueur* que nous ajoutons ensemble mentalement pour n'en faire qu'*une seule*.

Les *pommes*, au contraire, n'étant pas d'égale grosseur, la *moitié* d'une *pomme* plus la *moitié* d'une *pomme* ne font pas une *pomme*, puisque chacun sait bien que la *moitié* d'une *pomme* est souvent plus grosse qu'une pomme *tout entière*.

4ᵉ *Différence*. Quand on dit *six*, par exemple, et qu'il s'agit d'une *quantité* de l'espèce *discontinue*, le mot *six* détermine parfaitement la *quantité*, attendu que le mot *homme*, *orange*, qui viendra après lui ne sert qu'à déterminer l'*espèce* des *individualités* ou des *êtres* qu'on a comptés, et par lesquels la *quantité* s'est manifestée. Voilà pourquoi *six hommes* est la même *quantité* que *six oranges*, puisqu'il y a autant d'*hommes* que d'*oranges*, seulement l'*espèce* des *êtres* ou des *individualités* est différente.

La *quantité continue*, au contraire, sera bien loin d'être *déterminée* par le mot *six;* car, selon que le mot qui viendra après lui sera celui *mètre* ou celui *centimètre*, par exemple, on parlera de deux *longueurs* bien différentes. Cela revient à dire que la *détermination* de la *quantité continue* dont l'esprit s'occupe dépend *à la fois* de l'un des mots *un*, *deux*, *trois*, etc., et du *nom* de l'*unité* qui viendra après lui.

C'est encore là une *différence essentielle* entre les 2 espèces de *quantités*.

Comme vous voyez, ces 4 différences *essentielles* entre les deux espèces de quantités, *discontinue* et *continue*, étaient trop saillantes pour n'être pas signalées, et surtout la 4ᵉ.

VIII. Les *monnaies* ou *valeurs monétaires* sont considérées par l'esprit humain comme une sorte de quantité *continue*, c'est le *besoin* qui le veut ainsi, et voici pourquoi :

Les *monnaies* étant la valeur *représentative* ou d'*échange* de tout ce qui se *vend* ou s'*achète*, il faut bien qu'elles se prêtent aux *accroissements* et *décroissements* que peuvent subir les choses *vénales* par qui se manifeste la quantité *continue*. On dit donc fort justement la *moitié*, le *tiers*, le *quart* du *franc* : la *moitié* et le *quart* du *franc*, parce que ces 2 monnaies *existent;* le *tiers* du *franc*, bien que cette monnaie *n'existe pas;* mais comme l'homme conçoit la possibilité de son existence, cela suffit pour qu'il ne lui répugne pas de parler ainsi.

IX. Des *nombres* — au contraire des 2 espèces de *quantités* qui se manifestent à nous dans l'œuvre de DIEU, les *nombres*, eux, sont une création de l'esprit humain qui a été conduit à cette conception par le *besoin*, le grand *instituteur* de l'homme.

Ainsi, nous disons *un* homme, *deux* hommes, *trois* hommes, etc., sans tenir aucun compte des *différences* qui existent entre ces *individualités*. Ces différences, nous les *négligeons*, nous les *anéantissons*, pour ne considérer ces *êtres* qu'en ce qu'ils ont de *semblable*, et nous faisons ainsi une *première abstraction* à laquelle la Providence nous a conduit par le *besoin*.

A cette 1re *abstraction* va en succéder une autre plus profonde dont le Créateur a également imposé le *besoin* à l'esprit humain. Ainsi, supposons qu'il y ait là sous nos yeux cette *individualité* qu'on appelle *orange*, et dont nous disons *une orange*, quand nous la considérons au point de vue de la *quantité*. Il est évident que si nous *anéantissons* l'idée d'*espèce*, sans anéantir l'idée d'*être*, par qui elle se manifeste, il ne restera plus pour notre esprit qu'une *individualité* ou *être* profondément *abstrait*, c'est-à-dire cela même dont nous disons *un*, en tant que *quantité*.

Le mot *un* tout seul porte donc sur l'*être* sans *espèce*, c'est-à-dire sur l'*être* sans aucune de *ses manières d'être* dont nous venons de faire *abstraction*, parce que nous le considérons uniquement comme *quantité*. Or, puisqu'il en est ainsi, *cette individualité* que nous traçons sur le papier : 1, et qui n'a pour notre esprit ni *longueur*, ni *largeur*, ni *couleur;* qui, en un mot, est privée de *toute manière d'être*, sera dite *un*, en tant que *quantité;* et comme *cette quantité* a besoin d'être distinguée de *celle* qui se manifeste par toute *individualité* naturelle, on l'appelle le nombre *un;* car, pour qu'il y ait *un* seulement, il faut qu'il y ait *quelque chose*, et que ce *quelque chose* soit une *individualité*, innommée comme *être*, *un* n'étant pas le nom de l'*être*, mais seulement du *plus* ou *moins*, c'est-à-dire de la quantité *numérique* ou *discontinue* qui se manifeste par lui, 1

X. Le nombre 1, *un*, étant ainsi construit par l'*abstraction*, tous les autres nombres en dérivent par l'effet de notre libre volonté. Ainsi, si au nombre 1 on *ajoute* le nombre 1, on forme le nombre suivant II, *deux*. Si à celui-là on *ajoute* le nombre 1, on forme le nombre suivant III, *trois*, et ainsi de suite indéfiniment ; et l'on forme ainsi ce qu'on appelle la SÉRIE *fondamentale* des nombres consécutifs, dans l'ordre croissant par 1, à partir de celui 1

Comme ce livre suppose un *lecteur* qui connaît au moins la petite *arithmétique* de routine, je n'ai nul besoin de m'occuper de la formation des NOMS de nombres, ni de la manière dont on les exprime en *chiffres*, je me borne donc aux articles suivants.

XI. D'après ce qui vient d'être dit, on voit que les *nombres* sont des *quantités* de l'espèce *discontinue*, mais les quantités de l'espèce *continue* ne sont pas des *nombres*. Cela est évident, car les *longueurs*, les *poids*, les *intervalles* de *temps*, etc., ne sont certes pas des *nombres*. Le mot *quantité* est donc un *terme* plus général que celui de *nombre* qui est compris dans sa *signification*, puisque les nombres sont susceptibles d'*augmentation* et de *diminution* comme toute espèce de *quantité*.

XII. Sous l'expression en *chiffres* d'un nombre ou de son NOM, car l'expression en *chiffres* est l'une et l'autre chose à la fois, il faut, par la pensée, voir le nombre lui-même qui doit toujours être présent à l'esprit. Ainsi, dans la *numération chiffrée* : 11, 111, 1111, 11111. etc., ne sont plus les nombres dont les *noms* sont *deux*, *trois*, *quatre*, *cinq*, mais bien les expressions en *chiffres* des nombres nommés, *onze*, *cent onze*, *mille cent onze*, *onze mille cent onze*, qu'il faut s'habituer à voir sous ces expressions.

XIII. Le *nom* d'un nombre étant l'expression vulgaire *verbale* de ce nombre : l'expression en *chiffres* qui est la *traduction* de ce *nom* est dite l'expression vulgaire en *chiffres* de ce même nombre. Ainsi 100 est l'expression vulgaire en *chiffres* du nombre dont le nom *cent* est l'expression vulgaire verbale.

D'après cela : *cinq* plus *sept* et 5 + 7, par exemple, sont des expressions *non vulgaires*, l'une *verbale*, l'autre en *chiffres*, du même nombre, dont *douze* est l'expression vulgaire *verbale*, et 12 l'expression vulgaire en *chiffres*.

XIV. Le nombre 1, le *premier* ou le *plus petit* de tous les nombres, celui dont tous les autres se composent, est le *seul* qui n'ait pas d'expression en *chiffres*, ce qui devait être à cause de sa simplicité ; aussi l'homme qui, le *premier*, dans les temps les plus reculés, éleva le *doigt*, dont il est l'image, pour manifester le nombre 1, commença la *science* des *nombres*. Toutefois, le nombre 1 est dit aussi *chiffre*, par abus, en ce sens qu'il s'exprime lui-même, et surtout parce qu'il est réellement *chiffre*, c'est-à-dire *signe*, dans toute expression de *plusieurs chiffres* où il figure ailleurs qu'au *premier rang*, de *droite* à *gauche*. Ainsi, dans 10, le nombre 1 vaut *dix*, par convention, le *zéro* signifiant *rien* ; dans 111, le premier chiffre de droite vaut *un*, le deuxième *dix* et le troisième *cent*.

En disant indifféremment le nombre 1 ou le chiffre 1, on a voulu *éviter* une *distinction* gênante dans l'interprétation de la science.

XV. Les *neuf* chiffres ou *signes*, de 1 à 9, sont dits *chiffres significatifs*, tandis que le chiffre 0 est dit *non significatif*, bien qu'il signifie *rien*, c'est-à-dire *zéro* en *mathématique*. Cette contradiction s'explique par le fait qu'en le disant *non significatif*, on entend qu'il ne signifie pas un nombre comme les chiffres de 1 à 9.

XVI. Quand on dit, par abréviation, nombre de 1 seul chiffre, de 2 chiffres, de 3 chiffres, etc., on entend qu'il s'agit d'un nombre dont l'expression n'a que 1 chiffre, 2 chiffres, 3 chiffres, etc.

XVII. Un nombre est dit nombre *abstrait*, lorsqu'il n'est LIÉ au NOM d'aucune *unité*.

Il est dit, au contraire, nombre *concret*, lorsqu'il est LIÉ au NOM d'une *unité* appartenant à la quantité *discontinue* ou *continue*, et dite à cause de cela unité *discontinue* ou *indivisible* ou *continue* et *divisible*. Ainsi, 45 est un nombre *abstrait;* et quand on parle ainsi, c'est par *abréviation*, puisque c'est le *nombre même* qui se place sous cette expression qui est un nombre *abstrait*. 45 *oranges* ou 45 *mètres* sont, au contraire, des nombres *concrets*.

XVIII. Dans tout nombre *concret*, le *nom* de l'*unité* porte sur chaque nombre 1 dont se compose le nombre *abstrait*. Ainsi, 3 *oranges*, c'est 1 *orange* + 1 *orange* + 1 *orange;* de même que 3 *mètres*, c'est 1 *mètre* + 1 *mètre* + 1 *mètre*.

Toutefois, dans 3 *oranges*, la quantité *discontinue* dont on parle est composée de 3 *individualités* comme le nombre *abstrait* 3 qui est de la quantité *discontinue* comme elle.

Dans 3 *mètres*, au contraire, le nombre *concret* BRISE la quantité *continue* dont on parle en 3 *parties égales*, chacune de 1 *mètre*, et il faut que la *volonté* intervienne pour ne voir qu'une *seule longueur* sous le nombre concret 3 *mètres*.

Exprimer la quantité *continue* au moyen de la quantité *discontinue* et d'une unité *continue* est un tour de force de l'esprit humain qui lui a été imposé par le *besoin*, car il ne pouvait faire autrement.

C'est là un *principe fondamental* dont il faut bien se pénétrer, comme de celui que le *nom* de l'*unité*, et par suite l'*unité* elle-même, porte sur chaque nombre 1 dont se compose le nombre *abstrait* LIÉ à l'*unité*.

Remarquez qu'on ne peut pas dire autrement que 3 *oranges*, parce qu'il s'agit d'une quantité *discontinue*.

Au contraire, au lieu de dire 3 *mètres*, on peut dire 30 *décimètres*, 300 *centimètres*, etc., sans cesser de parler de la *même longueur*, parce pu'il s'agit d'une quantité *continue;* seulement l'expression *trois mètres*, 3 *mètres*, est la plus en usage.

XIX. Le signe = AFFIRME à la fois l'*égalité* et l'*équivalence* : l'*égalité*, quant aux nombres et aux quantités exprimées ; l'*équivalence*, quant aux expressions elles-mêmes.

S'il est, en effet, correct d'*affirmer* qu'il y a *égalité* entre les nombres exprimés par dix, 6 + 4, 10, par exemple, c'est-à-dire de poser dix = 10, 6 + 4 = 10, il serait absurde de dire de ces 3 expressions qu'elles sont *égales;* ces expressions sont *égales* en *valeur*, c'est-à-dire *équivalentes*, de même que God (en anglais) et Dieu (en français) sont deux expressions *équivalentes*, puisque l'une comme l'autre signifie l'*Être suprême;* aussi peut-on poser *God* = *Dieu;* et de même que ce sont là 2 expressions de la plus grande de toutes les *idées*, dans 2 langues différentes : *dix*, 6 + 4 et 10 sont 3 expressions du même nombre en 3 langages différents.

Retenez donc bien ces 2 *significations* du signe = : *équivalence* et *égalité;* la chose en vaut la peine, car M. Serret n'attribue à ce *signe* que le sens d'*égalité*, ce qui est vicieux.

XX. L'*idée* de *fois*, dans ces expressions *une fois*, *deux fois*, *trois fois*..., etc., s'exprime par ce *signe* •

Ainsi, à la *série fondamentale* des nombres croissants par 1, à partir de celui 1 :

1, 2, 3, 4, 5, 6,....... et ainsi indéfiniment,

correspond la *série fondamentale* des nombres de *fois* :

1 •, 2 •, 3 •, 4 •, 5 •, 6 •,......, et ainsi indéfiniment.

L'idée de *fois* qui joue un RÔLE immense dans la *science*, par les mots *une fois*, *deux fois*....., etc., demandait un *signe* propre; M. Serrèt n'en a point pour l'exprimer. Il confond les nombres de *fois* avec les nombres abstraits, comme s'il y avait *identité* entre 3, par exemple, qui exprime une idée *complète*, le nombre dit *trois*, et 3 *fois* ou 3 •, qui exprime une idée *inachevée* ou *incomplète*, puisqu'elle appelle *quelque chose* pour être complétée, 3 *fois* QUOI? mais qui est *complète* dans 3 • 4, 3 • 5 *hommes*, 3 • le *mètre*, 3 • 6 *mètres*, par exemple.

Ainsi M. Serret, pour dire qu'il faut *multiplier* 4 par 3, écrit 4 × 3; or ce signe ×, signifiant *multiplié par*, est *illogique*, parce qu'il *met* la *charrue* devant les *bœufs*, ce qui est facile à prouver.

Demandons, en effet, à un de ses *disciples* ce qu'il fait ponr *multiplier* 4 par 3? il répondra, je dis trois *fois* quatre font *douze*. Eh bien ! écrivez donc 3 • 4 = 12, sans renverser l'ordre des idées, puisque, par 4×3, vous entendez 3 • 4, c'est-à-dire 4 + 4 + 4 ou 12.

Ainsi : tandis que dans l'*arithmétique* de M. SERRET, on apprend que 4 × 3 qui anéantit l'idée de *fois* se traduit en fait par 3 • 4 : dans l'*arithmétique logique* ou du *sens commun*, on conserve l'ordre naturel des idées, en posant 3 • 4, et en disant que : *trouver* le nombre exprimé par 3 • 4, c'est ce qu'on appelle *multiplier* 4 par 3

De même : M. SERRET enseigne, dans la *division*, que le nombre 12 contient 3 *fois* exactement celui 4, et il écrit 3 au *quotient*, supprimant encore l'idée de *fois*, puisque 3 est un nombre et non un nombre de *fois*.

Dans l'*arithmétique logique*, au contraire, on écrit 3 • au *quotient*; de sorte que le *quotient* placé à la *gauche* du *diviseur* a la *propriété* d'exprimer avec lui le même nombre que le *dividende*, puisque 3 • 4 = 12

Le mot *quotient* nous vient du latin *quoties*, signifiant *combien de fois*; or 3 n'est pas un *combien* de *fois*, mais un *combien* que les Latins traduisaient par *quantum*; de sorte que si CICÉRON ressuscitait, il prendrait M. SERRET pour un barbare.

XXI. SUPPORT, TERME de *comparaison*, TERME *comparé*, LIEN entre le *terme* comparé et le *terme* de comparaison.

Dans l'expression 3 • 4, notre esprit est en présence de trois choses : le nombre ou *multiplicande* 4, le *signe* 3 •, et le *produit* de la *multiplication* ou nombre *exprimé* 12

Eu égard au *signe* 3 • qui appelle *quelque chose* pour être *complété*, le nombre 4 est dit SUPPORT du *signe* 3 •

Eu égard au nombre *exprimé* 12 : le nombre 4 est dit TERME de *comparaison*, parce que c'est à lui 4 qu'on *compare* le nombre 12 qui est donc le *terme comparé*, lequel est *déterminé* par cette expression qui dit que c'est *celui* qui contient 3 *fois* le nombre 4, et rien de *plus* ni de *moins*.

Le signe 3 • est dit le LIEN entre le nombre exprimé ou *terme comparé* 12 et le nombre ou *terme* de *comparaison* 4

Même chose dans le concret.

XXII. Ces LOCUTIONS : *deux fois* exactement ou *deux parties égales*, *trois fois* exactement ou *trois parties égales*, et ainsi de suite, sont *équivalentes*.

Ainsi, par exemple : par l'expression 3 • 5, on parle d'un nombre qui contient 3 *fois* exactement celui 5, c'est-à-dire qui se compose de 3 *parties égales* ou 3 nombres *égaux*, chacun de 5, 5 + 5 + 5 ou 15

De même, dans le concret : 3 • 5 *mètres* = 5 *mètres* + 5 *mètres* + 5 *mètres* ou 15 *mètres*, c'est-à-dire 3 parties égales ou 3 nombres *égaux*, chacun du nombre concret 5 *mètres*, si l'esprit se fixe sur les *nombres concrets* eux-mêmes, et 3 longueurs *égales*, chacune de 5 *mètres*, s'il se fixe sur les *longueurs* exprimées par les nombres concrets, du consentement de notre esprit.

XXIII. MULTIPLES, SIGNES de MULTIPLE. — On dit d'un nombre qu'il est *multiple* d'un autre, toutes les fois qu'il contient cet autre nombre *plusieurs fois* exactement, c'est-à-dire 2 •, 3 •,... etc.

Par la même raison, on dit d'une quantité, qu'elle est *multiple* d'une autre, toutes les fois qu'elle contient cette autre *quantité plusieurs fois* exactement.

Les *signes* par lesquels on exprime qu'un nombre contient *plusieurs fois* exactement un autre nombre, qu'une *quantité* contient *plusieurs fois* exactement une autre *quantité*, sont donc appelés *signes* de *multiple*.

Ainsi, dans 3 • 4, 3 • 4 *hommes*, 3 • 4 *mètres*, le nombre exprimé 12, 12 *hommes*, 12 *mètres*, est un *multiple* de celui 4, 4 hommes, 4 *mètres*, puisqu'il le contient *plusieurs fois*, 3 *fois* exactement, et le *signe* 3• est un *signe* de *multiple*.

Tous les nombres de *fois*, à l'exception de celui 1 •, sont donc des *signes* de *multiple*, puisque chacun d'eux signifie *plusieurs fois*. Et comme 2 • 4, par exemple, c'est-à-dire 8, est le plus petit *multiple* de 4, on dit de 2 • que c'est le plus petit *signe* de *multiple*, pour dire, par *abréviation*, qu'il est le plus petit en *force expressive*, car les *signes* de *multiple* sont des *expressions* qui ont plus ou moins de force.

XXIV. DISTINCTION entre l'*unité* et le *support*. — L'expression 3• le *mètre*, par exemple, est l'expression d'une *longueur* seulement, dont l'expression vulgaire *verbale* est *trois* mètres, et son expression vulgaire en *chiffres* 3 mètres. Or, dans 3 *mètres*, le *mètre* est l'*unité*, la longueur dont on dit *un*, *deux*. *trois*, pour *compter ;* car on compte par les *nombres* comme on compte par les *mots* dont ils tiennent la place ; par 3 *mètres*, on *détermine* donc une longueur, en *comptant* et non en *comparant*.

Par 3 • le *mètre*, au contraire, on *détermine* la même longueur en la *comparant* au *mètre*, en disant d'elle *explicitement*, qu'elle contient le *mètre* 3 *fois* exactement ; de sorte que la longueur le *mètre* ne fonctionne plus comme *unité*, mais comme *support* du *signe* de *multiple* qui l'appelle, et elle est le *terme de comparaison*, quant à la longueur exprimée par 3 • le *mètre*.

Cela est si vrai, que 3 • le *mètre*, ai-je dit, est l'expression d'une longueur seulement, puisque 3• le *mètre* c'est le *mètre* + le *mètre* + le *mètre*, expression dans laquelle il n'entre aucun nombre.

3 *mètres*, au contraire, est *à la fois* l'expression d'un nombre con-

cret et l'expression de la longueur que ce nombre concret exprime, du consentement de notre esprit.

En effet : qu'entend-on par le nombre concret 3 *metres*? Évidemment la longueur qui contient celle le *mètre*, 3 *fois* exactement; 3 *mètres* résume donc 3 • le *mètre*, et c'est pour cela que c'est l'expression *vulgaire* en *chiffres*.

De même : dans 4 • 5 *kilogrammes*, qui exprime 20 *kilogrammes*, le *poids* le *kilogramme* est l'*unité* pour le nombre 5 et pour celui 20, tandis que le nombre concret 5 *kilogvammes*, de même que le *poids* qu'il exprime, est le *support* du *signe* de *multiple* 4 •, et le *terme* de *comparaison* pour le nombre concret exprimé 20 *kilogrammes*, et pour le *poids* que ce nombre concret exprime.

XXV. *Intervertissement* des *facteurs*. — Dans toute expression de cette *forme* 3 • 4, 3 • 4 *mètres*, on peut *changer* les 2 nombres ou *facteurs* 3 et 4 de *place* entre eux, *sans cesser* d'exprimer le même nombre.

Ainsi, du moment que 3 • 4 = 12, que 3 • 4 *mètres* = 12 *mètres*, il est certain que 4 • 3 = 12, que 4 • 3 *mètres* = 12 *mètres*.

De même : comme 2 • 3 • 4 = 24, il est certain, par exemple, que 4 • 3 • 2 = 24

Et de même dans le concret.

Ce *principe* se traduit ainsi : l'*intervertissement* dans l'*ordre* des *facteurs* change la *forme* de l'expression, mais ne change pas sa *valeur*.

C'est là une vérité connue de tous les étudiants.

XXVI. *Subdivisions, signes* de *subdivision*. — Toutes les fois qu'un nombre abstrait ou concret est TEL qu'il PEUT se *diviser* EN 2 ou 3 ou 4,..... etc., *parties égales*, c'est-à-dire EN 2 ou 3 ou 4,..... etc. *nombres égaux*, dont il est la *somme*, on dit de *chacun* de ces *nombres égaux* qu'il est la *moitié* ou le *tiers* ou le *quart*,..... etc. de ce nombre abstrait ou concret; et, *en général*, qu'il est une *subdivision* de ce nombre abstrait ou concret, pour faire entendre qu'on l'obtient par la *division* d'un autre EN *plusieurs parties égales*.

Par la même raison, comme une *quantité* de l'espèce *continue*, la longueur, le *mètre*, par exemple, peut *toujours* se *diviser* en toute perfection, *par* la *pensée*, EN *autant* de *parties égales* ou de *longueurs égales* qu'on en veut :

Si c'est la *division* EN 2 *parties égales* : *chacune* de ces 2 *longueurs égales* est *dite* la *moitié* du *mètre* ou le *demi-mètre*.

Si c'est EN 3 *parties égales* : *chacune* de ces 3 *longueurs égales* est *dite* le *tiers* du *mètre*.

Et ainsi de suite, le *quart* du *mètre*, le *cinquième* du *mètre*, le *sixième* du *mètre*, et ainsi indéfiniment.

Ainsi, le nombre 6, par exemple, étant *égal* à 3 + 3 ou 2 • 3, à 2 + 2 + 2 ou 3 • 2, à 1 + 1 + 1 + 1 + 1 + 1 ou 6 • 1, peut se *diviser* évidemment EN 2 *nombres égaux*, chacun de 3; EN 3 *nombres égaux*, chacun de 2; et EN 6 *nombres égaux*, chacun de 1; les nombres 3, 2, 1 sont donc une *subdivision* de 6, puisque 3 = la *moitié* de 6, que 2 = le *tiers* de 6, et que 1 = le *sixième* de 6

Chacun des nombres concrets 3 *mètres*, 2 *mètres*, 1 *mètre* est donc une *subdivision* de celui 6 *mètres*, puisque 3 *mètres* = la *moitié* de 6 *mètres*, que 2 *mètres* = le *tiers* de 6 *mètres*, et que 1 *mètre* = le *sixième* de 6 *mètres;* et de même des *longueurs* que ces nombres concrets expriment.

Cela entendu, tous ces mots : *moitié* ou *demi*, *tiers*, *quart*, *cinquième*, *sixième*,..... et ainsi indéfiniment sont appelés *signes* de *subdivision*.

Cette *dénomination* est aussi naturelle que celle de *signes* de *multiple;* car chacun de ces mots, comme tous les mots, est le *signe* d'une idée *inachevée* ou *incomplète*, puisqu'elle appelle aussi un *support* pour être complétée, car on peut demander la *moitié* de *quoi*, le *tiers* de *quoi*,..... etc.?

Mais de *quelle idée* ces mots sont-ils le *signe?* Évidemment d'une idée de *subdivision*, puisque si nous donnons, par exemple, pour *support*, à ceux *moitié*, *tiers*, *sixième*, le nombre 6 : par la *moitié* de 6 nous parlons du nombre 3, par le *tiers* de 6 nous parlons du nombre 2, et par le *sixième* de 6 nous parlons du nombre 1; ces nombres 3, 2, 1 étant *chacun* une *subdivision* de 6; c'est donc avec raison que ces *signes* sont appelés *signes* de *subdivision*.

Même raisonnement dans le concret.

XXVII. De même qu'à la SÉRIE indéfinie des nombres plus grands que 1 :

2, 3, 4, 5, 6, et ainsi indéfiniment correspond la SÉRIE indéfinie des *signes* de *multiple :*

2 • 3 •, 4 •, 5 •, 6 •, et ainsi indéfiniment.

De même à la SÉRIE indéfinie des *signes* de *multiple* correspond la SÉRIE indéfinie des *signes* de *subdivision : moitié* ou *demi*, *tiers*, *quart*, *cinquième*, *sixième*,..... et ainsi indéfiniment.

Et voici pourquoi :

Le nombre 4 • 6 ou 24, par exemple, se *divise* EN 4 *nombres égaux*, chacun de 6, puisque l'expression dit qu'il le contient 4 *fois* exactement. Le nombre 6 est donc le *quart* de 24 ou de 4 • 6 (XXVI); donc le *signe* de *subdivision quart* CORRESPOND au *signe* de *multiple* 4 •, et ainsi des autres.

Les *signes* de *multiple* et les *signes* de *subdivision*, qui sont l'*âme* de l'*arithmétique*, n'existent point dans le *langage scientifique* adopté par M. Serret, où ils sont entièrement *défigurés*, et il en est de même de ceux 2 *tiers*, 3 *quarts*, etc., que l'on forme avec eux; puisque 2 *tiers* résume 2 • le *tiers;* que 3 *quarts* résume 3 • le *quart; signes* que j'appelle, moi, *signes mixtes*, ceux-là appelant aussi un *support:* 2 *tiers* de *quoi*, 3 *quarts* de *quoi?* et qu'il exprime, lui, de cette manière bizarre $\frac{2}{3}$, $\frac{3}{4}$, ce qu'il appelle *nombres fractionnaires*, pour le désespoir et le tourment de ses disciples, dont le plus grand nombre n'y comprend rien. Je n'en dis pas davantage sur les *signes mixtes*, parce que je n'aurai pas à m'occuper d'eux dans la *théorie* des nombres *pairs* et *impairs*.

XXVIII. Tout *signe* de *multiple* peut recevoir pour *support tel* nombre abstrait ou concret que l'on veut, à *unité discontinue* ou *continue*.

Un *signe* de *subdivision*, au contraire, celui *quart*, par exemple, ne peut recevoir pour *support* qu'un nombre abstrait ou un nombre concret à *unité discontinue* pouvant se *diviser* en 4 *parties égales* ou qui soit la *somme* de 4 *nombres égaux;* autrement l'expression serait un non-sens.

Mais si le nombre concret qui sert de *support* a une *unité continue:* le *signe* de *subdivision quart* peut le recevoir, quel qu'il soit, du moment qu'on entend par lui la *quantité continue* qu'il exprime, ce qui est le point de vue habituel de l'esprit.

Ainsi : le *quart* de 8 ou de 8 *hommes;* le *quart* de 12 ou de 12 *oranges*, par exemple, sont des expressions très-correctes ou qui ont un sens.

Cela est évident, car 8 étant *égal* à 4•2, c'est-à-dire à 2 + 2 + 2 + 2 se *divise* en 4 *nombres égaux*, chacun de 2, de sorte que 2 = le *quart* de 8 (xxvi).

De même : 12 étant *égal* à 4•3, c'est-à-dire 3 + 3 + 3 + 3, se *divise* en 4 *nombres égaux*, chacun de 3, de sorte que le *quart* de 12 = 3

Même chose, dans le concret; puisque le *quart* de 8 *hommes* = 2 *hommes*, le *quart* de 8 *mètres* = 2 *mètres*, le *quart* de 12 *oranges* = 3 *oranges*, le *quart* de 12 *heures* = 3 *heures*.

Au contraire : le *quart* de 15, le *quart* de 15 *hommes* sont des non-sens, puisque 15 et 15 *hommes* n'étant pas la *somme* de 4 *nombres égaux* ne peuvent se *diviser* en 4 *parties égales;* ces 2 nombres n'ont donc point de *quart*. On voit, en effet, que 4•3 ne fait que 12, que 4•3 *hommes* ne fait que 12 *hommes*, ce qui n'est pas *assez*, tandis que 4•4 c'est 16, et 4•4 *hommes* c'est 16 *hommes*, ce qui serait *trop*.

Le *quart* de 15 *mètres* qui est aussi un *non-sens*, si on veut entendre le *quart* du nombre concret 15 *mètres*, puisque ce nombre concret n'a point de *quart*, a, au contraire, un SENS, lorsqu'on entend le *quart* de la *longueur* que le nombre concret 15 *mètres* exprime, ce qui est le *point* de *vue* habituel de l'esprit, puisque les nombres concrets à *unité continue* ont été *institués* pour exprimer la *quantité continue*, et que toute quantité *continue*, de quelque manière qu'elle soit exprimée, PEUT toujours se *diviser*, par la pensée, en *autant* de *parties égales* que l'on veut; c'est là un PRINCIPE FONDAMENTAL ou une notion du *sens commun*.

XXIX. De la *division*. Il existe deux sortes de *divisions* pour l'esprit humain, la *division* PAR et la *division* EN.

La *division* PAR que je nomme ainsi, par *abréviation*, la seule que le *lecteur* connaît, est CELLE par laquelle 2 nombres 182 et 13, par exemple, ou bien 194 et 13, étant *donnés* par leur expression vulgaire en *chiffres*, on cherche à l'aide de ces expressions *combien* de *fois* le *plus grand* contient le *plus petit*, soit exactement ou *sans reste*, soit non exactement ou *avec reste*.

Cette 1re *sorte* de *division* correspond à *celle* que l'on ferait, si l'on avait à *diviser* 182 *marrons*, d'une part, 194 *marrons*, d'autre part, PAR 13 *marrons*, c'est-à-dire de 13 en 13 *marrons*. Il suffirait, en opérant sur les *marrons* eux-mêmes, de *compter* jusqu'à 13, pour faire *autant* de *parts* de 13 *marrons*, qu'il serait possible. On trouverait ainsi que 182 *marrons* contiennent exactement 14 *fois* 13 *marrons*, parce que la dernière *part* est de 13 *marrons* comme les autres. Aussi a-t-on cette *équivalence vraie* :

$$182 \textit{ marrons} = 14 \cdot 13 \textit{ marrons}.$$

De même : la division du nombre abstrait 182 par celui 13 qui est en lui, c'est-à-dire de 13 en 13, faite à l'aide des *chiffres*, donne pour *quotient* 14 *fois*, sans *reste*, ce qui nous apprend que le *dividende* 182 est un *multiple* du *diviseur* PAR qui est 13. Aussi a-t-on cette *équivalence vraie* :

$$182 = 14 \cdot 13$$

Le RÉSULTAT de la *division* PAR, dans le concret comme dans l'abstrait, est donc 14 *fois* seulement, puisqu'il n'y a point de *reste*.

La *division* de 194 *marrons* PAR 13 *marrons*, au contraire, effectuée sur les *marrons* eux-mêmes, comme il vient d'être dit, nous apprendrait qu'il y a 14 *parts* de 13 *marrons* ou 14 • 13 *marrons*, plus une dernière *part* qui est plus petite que les autres, de 12 *marrons* seulement; de sorte que cette *division*, de 13 *marrons* en 13 *marrons*, ne se ferait pas exactement, aussi aurait-on cette *équivalence vraie* :

$$194 \text{ marrons} = 14 \cdot 13 \text{ marrons} + 12 \text{ marrons}.$$

De même : la *division* du nombre abstrait 194 PAR celui 13 qui est en lui, c'est-à-dire de 13 en 13, faite à l'aide des *chiffres*, donne pour *quotient* 14 *fois*, et pour *reste* 12, ce qui nous apprend que le *dividende* 194 n'est pas un *multiple* du *diviseur* PAR qui est 13; et cela, parce que la dernière *part* n'est pas de 13 comme les autres; aussi est-elle dite le *reste* de la *division* PAR, et a-t-on aussi cette *équivalence vraie :*

$$194 = 14 \cdot 13 + 12$$

Ici, le *résultat* de la *division* PAR est 14 *fois* pour le *quotient*, dans le concret comme dans l'abstrait, mais le *reste* est 12 *marrons*, dans le concret, et 12, dans l'abstrait.

Comme le lecteur le sait : la *division* d'un nombre PAR un autre *plus petit* que *lui* est toujours *possible ;* seulement elle se fait tantôt exactement, parce que le *dividende* se trouve être un *multiple* du *diviseur* PAR, et tantôt non exactement, parce qu'il n'en est pas un *multiple.*

2. La *division* EN que le lecteur ne connaît pas, puisqu'aucun auteur n'en parle, et que je nomme ainsi par *abréviation*, et pour la *distinguer* de la *division* PAR, est CELLE par laquelle on veut *savoir* si le nombre donné PEUT se *diviser* ou NON en un nombre donné de *parties égales* plus petit que *lui*, si le *dividende* est un nombre *abstrait*, ou *plus petit* que le nombre abstrait qui *figure* dans le *dividende*, si le *dividende* est *concret*;

Et si cette *division* EN est *possible* : SAVOIR de *combien*, de *quel nombre*, est formée chacune de ces *parts égales.*

Remarquez, en effet, que tandis que la *division* PAR est *toujours possible*, quand le *diviseur* PAR est *plus petit* que le *dividende*, sauf qu'elle se fait exactement ou non exactement : la *division* EN, au contraire, même lorsque le *nombre* de parts égales *demandé* est *plus petit* que le *dividende,* s'il est abstrait, ou *plus petit* que le *nombre* abstrait qui *figure* dans le *dividende*, s'il est concret, n'est pas *toujours possible*, parce qu'il y a cette *condition* de plus, que les *parties* ou *parts* doivent être *toutes égales*, condition qui la rend le plus souvent *impossible.*

Ainsi : veut-on *savoir* si la *division* de 35 *cartes* EN 5 parties égales est *possible ?*

Sans que je le dise, le lecteur sait bien comment on s'y prendrait, en opérant sur les *cartes* mêmes, et on reconnaîtrait que c'est *possible.* Car, après avoir fait autant de *rangées horizontales* de 5 *cartes* chacune qu'il est possible d'en faire, on verrait que la *dernière rangée horizontale* est de 5 *cartes*, c'est-à-dire *pleine* comme les autres *rangées*.

Les 5 *rangées verticales* sont donc toutes *pleines* aussi ; et comme elles sont toutes de 7 *cartes*, il est clair que 35 *cartes* contiennent *autant* de *fois* 7 *cartes* qu'il y a de *rangées verticales*, c'est-à-dire 5 *fois* 7 *cartes;* de sorte qu'on a cette équivalence *vraie :*

35 *cartes* = 5·7 *cartes* ,
et pour les nombres abstraits : $35 = 5 \cdot 7$

Veut-on *savoir*, au contraire, si la *division* de 38 *cartes* EN 5 parties égales est *possible ?*

On s'y prendrait de la même manière, et on reconnaîtrait qu'elle est *impossible*, car ici la dernière *rangée horizontale* ne sera pas *pleine* ou de 5 *cartes* comme les autres, elle ne sera que de 3 *cartes;* 38 cartes ne se divisent donc pas EN 5 parties égales.

Les *rangées verticales*, toujours au nombre de 5, ne sont pas *pleines* non plus, parce que les 2 dernières *rangées verticales* n'ont que 6 *cartes*, et non 7 *cartes* comme les 3 premières.

Si la dernière *rangée horizontale* de 3 *cartes* n'y était pas, il n'y aurait que 35 *cartes* qui se *divisent*, comme nous venons de le voir, EN 5 parties égales, chacune de 7 *cartes* ou 5 • 7 *cartes*.

Donc, 38 *cartes*, qui ne peuvent se *diviser* EN 5 parts égales, *nombre demandé*, se *divisent* EN 6 *parts*, *une* de plus, dont 5 sont *égales*, chacune de 7 *cartes*, et la *part* en *plus*, de 3 *cartes ;* de sorte que, dans ce *cas* où la *division* EN , telle qu'elle est *demandée*, est *impossible* , et où il y a une *part* de *plus* , on a cette équivalence *vraie :*

38 *cartes* = 5 • 7 *cartes* + 3 *cartes*,
et pour les nombres abstraits $38 = 5 \cdot 7 + 3$

La *division* EN que nous venons d'effectuer ici sur les nombres eux-mêmes PEUT s'effectuer aussi à l'aide de leur expression vulgaire en *chiffres ;* mais la *règle* propre à cette *division* est fort gênante à exposer, et c'est pour cela que, dans la *pratique* des *calculs*, quand on a à faire une division EN, on fait à sa place la *division* PAR qui lui *correspond;* et du *résultat* que donne la *division* PAR, on *induit* le *résultat* qu'aurait donné la *division* EN, si on l'avait effectuée elle-même. La *division* PAR, en pareil *cas*, n'est donc qu'une opération *transitoire*, puisque ce n'est pas le *résultat* de cette *division* qu'on a besoin de connaître, mais bien celui de la *division* EN.

Les 2 *propositions* suivantes vont mettre cela en évidence.

XXX. TOUTES LES FOIS qu'un nombre abstrait, celui 182, par

exemple, se *divise* exactement PAR un autre *plus petit* que lui, PAR celui 13, par exemple, c'est-à-dire de 13 en 13, et qu'on trouve pour *quotient* 14 *fois*, qui est le *résultat* de cette *division* PAR, puisqu'il n'y a point de *reste* :

Il y a *certitude* que la *division* de ce même nombre abstrait 182, et aussi des 2 nombres concrets, 182 *oranges*, 182 *mètres*, EN 13 parties égales est *possible*, et qu'on trouverait pour chacun de ces 13 nombres égaux :

14 pour le *dividende* abstrait,

14 *oranges*, 14 *mètres*, pour les *dividendes* concrets.

Or, si cela est *vrai*, comme je vais le prouver, il suffit donc de *savoir* que le *résultat* de la *division* PAR est 14 •, pour connaître le *résultat* que donnerait la *division* EN qui lui *correspond*, si on l'effectuait elle-même, puisqu'il n'y a qu'à supprimer le *point* ou signe *fois*, pour avoir le *résultat* de la *division* EN, dans l'abstrait; et à LIER le nombre 14 à l'*unité* du *dividende*, pour avoir le *résultat* de la division EN, dans le concret.

DÉMONSTRATION. En effet : d'après la *division* PAR qui s'est faite exactement, on a l'équivalence *vraie* :

$$182 = 14 \cdot 13 \qquad (A)$$

D'après le *principe* de l'*intervertissement*, on a aussi :

$$182 = 13 \cdot 14 \qquad (B)$$

Et par suite, dans le concret :

182 *oranges* = 13 • 14 *oranges*, 182 *mètres* = 13 • 14 *mètres* (C)

Or, les 3 équivalences (B) et (C) nous disent :

Celle (B) : que le nombre abstrait 182 contient 13 *fois* exactement le nombre 14, c'est-à-dire 13 nombres *égaux*, chacun de 14; donc la *division* de 182 EN 13 parties égales est *possible*, et chacun de ces 13 nombres *égaux* est de 14.

Celles (C) : que le nombre concret 182 *oranges* contient 13 *fois* exactement le nombre concret 14 *oranges;* et que le nombre concret 182 *mètres* contient 13 *fois* exactement le nombre concret 14 *mètres.*

Donc la *division* du nombre concret 182 *oranges* et du nombre concret 182 *mètres* EN 13 parties égales est *possible*, et chacun de ces 13 nombres *égaux* est de 14 *oranges*, de 14 *mètres*.

D'après cela : Veut-on *savoir* si la *division* des 2 nombres concrets, 15087 *oranges*, 15087 *mètres*, EN 321 parties égales est *possible?*

On *divise* le nombre abstrait 15087 PAR 321 ; et comme cette *division* PAR se fait exactement, et qu'on trouve pour *quotient* 47 • :

Il y a *certitude* que la *division* EN est *possible*, et que chacun des 321 nombres *égaux* est de 47 *oranges* et de 47 *mètres :*

Car, puisque d'après la *division* PAR, on a :

$$15087 = 47 \cdot 321$$

On a donc aussi :

$$15087 = 321 \cdot 47$$

Et par suite, dans le concret :

15087 *oranges* = 321 • 47 *oranges*, 15087 *mètres* = 321 • 47 *mètres*.

Or les 2 dernières *équivalences* nous disent que la *division* des 2 nombres concrets EN 321 parties égales est *possible*, et que chacun de ces 321 nombres *égaux* est de 47 *oranges* et de 47 *mètres*.

XXXI. TOUTES LES FOIS qu'un nombre abstrait, celui 38 par exemple, ne se *divise* pas exactement PAR un autre *plus petit* que lui, PAR celui 5, par exemple, c'est-à-dire de 5 en 5, et qu'on trouve pour le *quotient* 7 *fois*, et pour le *reste* 3, qui sont le *résultat* de cette *division* PAR ; de sorte qu'on a cette équivalence vraie :

$$38 = 7 \cdot 5 + 3 \qquad \text{(A)}$$

Il y a *certitude :* 1° que la *division* de 38, et des 2 nombres concrets 38 *oranges*, 38 *mètres*, EN 5 parties égales, laquelle *correspond* à cette *division* PAR, est *impossible ;*

2° Que l'*opération*, au lieu de 5 *parts* égales qui sont *impossibles*, donnerait 6 *parts*, comme nous l'avons vu pour 38 *cartes* au numéro précédent, dont 5 *égales*, chacune de 7, et la 6e *part* ou *part en plus*, de 3

DÉMONSTRATION du 1°. En effet : s'il pouvait *exister* un nombre h que celui 38 contînt 5 *fois* exactement : on aurait donc $38 = 5 \cdot h$, et par conséquent $38 = h \cdot 5$

Le nombre 38 contiendrait donc *plusieurs fois* exactement celui 5, serait un *multiple* de 5, ce qui n'est pas, puisqu'il ne se *divise* pas exactement PAR 5;

Et par conséquent, il n'existe pas non plus un nombre d'*oranges* que le nombre 38 *oranges* contienne 5 *fois* exactement, ni un nombre de *mètres* que le nombre 38 *mètres* contienne 5 *fois* exactement.

Donc : il *suffit* que 38 ne se *divise* pas exactement PAR 5 ou de 5 en 5, pour qu'il y ait *certitude* que la *division* du nombre 38 abstrait ou concret, EN 5 *parties égales* ou EN 5 *nombres égaux*, est *impossible ;* le 1° est donc justifié.

DÉMONSTRATION du 2°. En effet, d'une part : puisque l'*équivalence* (A), conséquence de la *division* de 38 PAR 5, qui ne se fait pas exactement, est *vraie*, celle-ci est *vraie* aussi, en vertu du *principe* de l'*intervertissement* :

$$38 = 5 \cdot 7 + 3 \qquad \text{(B)}$$

Or elle nous dit que 38 ne se *divise* pas, ni EN 5 *parties égales*, chacune de 7, puisqu'il contient 3 de plus, ni EN 5 *parties égales*, chacune de 8, puisque 5 • 8 fait 40

Et puisqu'il n'*existe* aucun nombre entre 7 et 8 : il est clair que la *division* de 38 EN 5 *parts égales* ou EN 5 *nombres égaux* est *impossible*, ce que nous savions déjà par le 1°.

D'autre part : l'*équivalence* (B) nous apprend aussi que le nombre 38 se compose de 5 *nombres égaux*, chacun de 7, plus d'un 6e *nombre* qui est 3

Donc l'*opération* de la *division* EN, au lieu de 5 *parts égales* demandées qui sont *impossibles*, donnerait véritablement 6 *parts* (*une de plus*), dont 5 *égales*, chacune de 7, et la 6e *part* ou *part* en *plus*, de 3 ; le 2° est donc justifié.

Ainsi : veut-on savoir si les 2 nombres concrets 574 *oranges*, 574 *mètres*, peuvent se *diviser* EN 12 *parties égales?*

On *divise* 574 PAR 12 ; et comme cette *division* PAR ne se fait pas exactement, et donne pour *quotient* 47 *fois*, et pour *reste* 10, de sorte qu'on a l'*équivalence vraie* :

$$574 = 47 \cdot 12 + 10$$

il est clair, d'une part, en vertu du 1°, que la *division* de ces 2 nombres concrets EN 12 *parts égales* ou EN 12 *nombres égaux* est *impossible*.

Mais comme cette autre *équivalence* est *vraie* aussi :

$$574 = 12 \cdot 47 + 10$$

Et par suite, celles-ci, dans le concret :

574 oranges = 12•47 *oranges* + 10 *oranges*, 574 *mètres* = 12•47 *mètres* + 10 *mètres*,

Il est clair, d'autre part, que ces 2 nombres concrets se *divisent* EN 13 parts (*une* de *plus*), dont 12 égales, chacune de 47 *oranges*, de 47 *mètres*, et la *part* en *plus*, de 10 *oranges*, de 10 *mètres*.

Mais, si la division du nombre concret à *unité continue*, 574 *mètres*, EN 12 *parties égales*, est *impossible* (du *nombre concret*, entendez-le bien !), il n'en est pas de même de la *longueur* que ce nombre concret exprime, laquelle se *divise* EN 12 *longueurs* égales, dites chacune, le *douzième* de 574 *mètres*, expression *non vulgaire* qu'on remplace ensuite par l'expression *vulgaire* qui lui est *équivalente*, ainsi qu'il est dit dans le *livre* des *principes* de mon COURS d'*arithmétique* savante, *sans maître*.

Je n'en dis pas davantage, quant au 2° de la *division* EN *impossible*, parce que c'est le 1° seul qu'on a besoin de connaître pour la THÉORIE des nombres *pairs* et *impairs*.

XXXII. RÉFLEXIONS sur les 2 *sortes* de *divisions*, PAR et EN.

Comme vous voyez : lorsque ayant besoin de *savoir* si une *division* EN est *possible* ou *impossible*, nous faisons à sa place la *division* PAR *correspondante*, dans l'abstrait, pour *déduire* ensuite du *résultat* de *celle-ci*, le *résultat* de *celle-là*, nous faisons acte de *liberté* et de *raison*, puisque c'est *sciemment*, *volontairement*, que nous faisons la *division* PAR, au lieu de la *division* EN, parce qu'elle est plus commode qu'elle.

On ne trouve rien de pareil dans l'enseignement de M. SERRET qui *englobe* ou *confond* les 2 *sortes* de *divisions* en une seule, la *division* PAR, laquelle est alors pour lui une sorte d'*épée* à 2 *tranchants*, dont il use arbitrairement, soit de l'un, soit de l'autre, selon le besoin qu'il en a, et sans dire *pourquoi*.

Où puise-t-il le *droit* de n'admettre qu'*une seule* division ? Il le puise : 1° dans une *définition* baroque ; 2° dans le soin qu'il a de faire toujours les *opérations* dans l'abstrait, afin de mieux *déguiser* au lecteur les *artifices* de son raisonnement ; 3° et enfin dans cet abus incroyable : *confondre* l'idée de *combien* de *fois* avec l'*idée* de *combien*, les *nombres* de *fois* avec les *nombres*, comme si des *nombres* de *fois* qui sont des *signes*, puisqu'ils parlent par le mot *fois*, étaient la même chose que des nombres qui ne *parlent* pas, qui sont de la *quantité numérique*, et pas autre chose. Toutes ces *aberrations* lui sont *imposées*, du moment qu'il ne connaît point les *signes* 1•, 2•, 3•, et ainsi de suite, dont vous voyez ici surtout, l'indispensable nécessité.

Aussi demandez à un de ses disciples d'écrire le *quotient* de la *division* de 12 PAR 4 ? il écrira 3 et non 3•

Demandez-lui ensuite d'écrire le *résultat* de la *division* de 12 EN 4 *parties égales ?* ou il vous regardera avec étonnement, puisqu'on ne lui en a jamais parlé, ou bien *instinctivement* il écrira encore 3, comme si les 2 *questions* et les 2 *résultats* étaient les mêmes : la 1re *division* donnant 4 + 4 + 4 ou 3•4, tandis que la 2e donne : 3 + 3 + 3 + 3 ou 4•3

Cet enseignement vicieux, puisque la raison est évidemment

outragée, M. SERRET a la prétention de l'appeler *arithmétique raisonnée* (1).

XXXIII. Dans la *division* EN : que le *dividende* soit un nombre abstrait ou concret, le *diviseur* EN est toujours un nombre abstrait. Cela est évident, puisqu'un nombre abstrait, comme un nombre concret, *se divisent* ou *ne se divisent pas* dans le nombre de parties égales *demandé ;* or un nombre de parties égales est un nombre abstrait *plus grand* que 1, savoir 2, 3, 4,... etc.

D'ailleurs, on ne dit pas d'une *division* EN *parties égales*, qu'elle se fait exactement ou non exactement, ce serait là un langage absurde, on dit d'elle qu'elle est *possible* ou *impossible;* et lorsqu'elle est *impossible*, ce qui arrive le plus souvent, l'*opération* donne toujours une *part* de plus que le nombre des *parts* égales *demandé*.

Dans la *division* PAR, au contraire, le *diviseur* PAR est un nombre abstrait, si le *dividende* l'est ; il doit être concret, si le *dividende* est concret, et avoir la même *unité* que lui. — Cela est encore évident, ainsi, il serait absurde de vouloir *diviser*, par exemple, le nombre concret 12 *mètres* PAR le nombre concret 4 *centimètres*, puisque les 2 *unités* étant différentes, le nombre concret *dividende* ne contient pas *en lui* le nombre concret *diviseur* PAR.

Mais comme la *longueur* 12 *mètres* contient celle 4 *centimètres*, puisqu'elle est *plus grande* qu'elle : la *division* de la *longueur* 12 *mètres*, de 4 *centimètres* en 4 *centimètres*, s'effectue ainsi qu'il est enseigné dans mon COURS d'*arithmétique* savante, *sans maître*, ce que je n'ai pas à dire ici, puisque ce n'est pas nécessaire pour la THÉORIE des nombres *pairs* et *impairs*.

XXXIV. 1er *axiome* commun à la *division* PAR et à la *division* EN.

Le nombre 1 est INDIVISIBLE.

Rien n'est plus évident. Car le nombre 1 n'étant pas composé de *plusieurs* nombres ne saurait *être divisé* d'aucune manière, ni PAR un autre nombre, ni EN plusieurs nombres *égaux*, puisqu'il n'*existe* point de nombre *plus petit* que 1

XXXV. 2e *axiome* commun aussi aux 2 *sortes* de *divisions* — AUCUN nombre ne peut *se diviser*, ni PAR un nombre *plus grand* que lui, ni EN un nombre de parties égales *plus grand* que lui.

C'est encore là une vérité éclatante d'évidence. Ainsi, par exemple,

(1) M. STURM, de l'Académie des sciences, quand je lui offris ma *Division abrégée*, en lui disant que je m'occupais d'un COURS d'*arithmétique* savante, *sans maître*, me dit ceci :

« Si vous parvenez à exposer avec clarté les vrais *principes fondamentaux* de la science, vous rendrez un très-grand service, car, même avec les auteurs les *plus autorisés*, on est condamné à lire une foule de bêtises.

le nombre 3 ne peut se *diviser* PAR celui de 4, puisque 3 ne contient pas 4

De même : le nombre 3 ne peut se *diviser* EN 4 parties égales, c'est-à-dire EN 4 nombres égaux, puisqu'il n'en contient lui-même que 3, chacun de 1

XXXVI. 1er *axiome* propre à la *division* PAR — AUCUN nombre *plus grand* que 1 ne peut se *diviser* PAR un nombre *égal* à lui.

Étant admis le *sens* du mot *division*, *partage*, c'est là aussi une vérité éclatante d'évidence. Car, pour qu'il y ait *partage*, il faut qu'il y ait *au moins* 2 *parts* égales ou inégales ; or, pourrait-on *diviser* 3 PAR 3, alors que l'une des *parts* étant de 3, l'autre serait de *zéro* ou *rien?* en vérité c'est trop absurde.

Ainsi *aucun* nombre ne peut se *diviser* PAR lui même ; mais cela n'empêche pas qu'un nombre contienne une *fois* un nombre *égal* à lui. Ainsi $1 = 1 \cdot 1$, $2 = 1 \cdot 2$,... ; etc. et en général $n = 1 \cdot n$ (1), et cela en vertu du *sens commun*, c'est-à-dire du *sens* que tout le monde *attribue* au *signe* 1 • *lié* à tel nombre que ce soit.

De là suit donc que c'est un *principe fondamental* que pour que la *division* d'un nombre PAR un autre puisse se faire, soit *exactement*, soit *non exactement*, il faut nécessairement que le *diviseur* PAR soit *plus petit* que le *dividende,* puisque c'est un *axiome* qu'il ne peut être ni *plus grand* que lui, ni même *égal* à lui.

Le lecteur devra bien se pénétrer de ce fait, sur lequel j'insiste d'autant plus que M. SERRET enseigne tout le contraire. Sans respect pour la raison de la jeunesse qui ne comprend rien à sa doctrine, il enseigne donc que tout nombre se *divise* PAR lui-même : Quelle raison en donne-t-il? aucune, il se borne à l'*affirmer*. Et pourquoi affirme-t-il ainsi une chose qu'il sait fort bien être contraire à la vérité? Il n'y a à cela qu'une seule explication possible, c'est parce qu'il veut se ménager le moyen de faire un TRAITÉ d'*arithmétique* en 1 seul volume, afin qu'il soit plus aisément vendable; et pour atteindre ce but mercantile, il tourmente l'esprit de la jeunesse, en s'attribuant le *droit* de bouleverser notre langue mère, et il appelle cela *simplifier*, *généraliser*, et ces *monstruosités*, car il y en a plusieurs autres analogues contenues dans sa doctrine, s'enseignent encore dans nos *lycées*, il est triste de le dire, avec l'approbation du gouvernement, bien que je les aie déjà signalées en 1868, c'est-à-dire depuis 10 *ans*, dans le 1er volume de mon COURS D'ARITHMÉTIQUE savante, *sans maître*.

(1) Pour faire entendre que cette *équivalence* est *vraie* pour tel nombre que ce soit, on se sert de la *lettre* n, initiale du mot *nombre*.

XXXVII. 2ᵉ *axiome* propre à la *division* PAR. — Tout nombre *plus grand* que 1 se divise exactement PAR 1, c'est-à-dire de 1 en 1

Rien aussi n'est plus évident, puisqu'un nombre *plus grand* que 1 se compose de *plusieurs* nombres, chacun de 1, de sorte que toutes les *parts* sont de 1, même la *dernière*. Ainsi 2 se *divise* exactement PAR 1 qu'il contient 2 *fois* : 1, 1, la *virgule* marquant la *division* ou le *partage*.

Le nombre 3 se *divise* exactement PAR 1 qu'il contient 3 *fois*: 1, 1, 1, ... et ainsi indéfiniment.

D'ailleurs, on n'a pas besoin de faire la *division* d'un nombre quelconque n PAR 1 pour savoir qu'il contient le nombre 1, n *fois* exactement, car c'est une *notion* du *sens commun* que n = n·1, c'est-à-dire que tout nombre contient le nombre 1 *autant* de *fois* qu'en indique son NOM. Ainsi posons dix *fois* le nombre 1, nous aurons le nombre *dix*

XXXVIII. *Axiome* propre à la *division* EN. — TOUT nombre n, *plus grand* que 1, se *divise* EN n parties égales, c'est-à-dire EN n nombres *égaux*, chacun de 1

Cet *axiome*, quant à la *division* EN est, comme vous voyez, le contraire de celui de l'article XXXVI, quant à la *division* PAR.

Rien d'ailleurs n'est plus évident. Ainsi le nombre 2 se *divise* EN 2 nombres *égaux*, chacun de 1 : 1, 1 ; et c'est pour cela qu'on a l'équivalence vraie 2 = 2 · 1

Le nombre 3 se *divise* EN 3 nombres *égaux*, chacun de 1 : 1, 1, 1 ; c'est pour cela qu'on a 3 = 3 · 1

En général, un nombre n, *plus grand* que 1, se *divise* EN n nombres *égaux*, chacun de 1 ; et c'est pour cela qu'on a n = n · 1

Disons, en passant, qu'il faut avoir ces 3 *choses* toujours présentes à l'esprit :

La 1ʳᵉ. Que tandis qu'un *dividende* n *plus grand* que 1 *accepte* le nombre 1 pour *diviseur* PAR, il ne l'accepte jamais, au contraire, pour *diviseur* EN, puisque on ne peut *diviser* un nombre EN moins de 2 parties égales.

La 2ᵉ. Que tandis qu'un *dividende* n *plus grand* que 1 n'*accepte pas* le nombre n pour *diviseur* PAR, il l'*accepte*, au contraire, pour *diviseur* EN n parties égales.

La 3ᵉ. Que tandis que la *division* d'un nombre quelconque n PAR un nombre *plus petit* que lui est *toujours possible*, sauf qu'elle se fait exactement ou non exactement, selon que le dernier nombre est *égal* ou *plus petit* que le *diviseur* PAR :

La *division* d'un nombre quelconque n EN un nombre de parties égales *plus petit* que lui est, au contraire, *possible* ou *impossible*, et lorsqu'elle est *impossible*, il y a toujours une *part* de *plus* que le nombre de *parts* égales *demandé* : et si l'on a demandé, par exemple, 10 parts égales *impossibles*, la *part* en *plus* est nécessairement *plus petite* que 10

Rappelez-vous aussi qu'il serait *absurde* de dire de la *division* d'un nombre EN plusieurs parties égales, qu'elle se fait *exactement* ou *non exactement*, on doit dire d'elle qu'elle est *possible* ou *impossible*, les autres mots ne s'appliquent qu'à la *division* PAR, parce que *celle-là* est *toujours possible*, soit exactement, soit non exactement.

XXXIX. Des expressions à plusieurs *termes*, à *signes* + et —, qui ont un *sens* ou qui sont des *non-sens*. — une expression comme celle, par exemple, 8 — 7 + 5 — 4, est *dite* à 4 *termes*, parce qu'elle est formée de 4 nombres *liés* entre eux par les *signes* — et +.

Elle est *dite* aussi expression à *sens*, parce que les *soustractions* indiquées par le *signe* — étant *possibles* à la place même où elles sont indiquées, l'expression entière a pour *valeur* le nombre 2

On voit, en effet, que 8 — 7 c'est 1 ; donc 8 — 7 + 5 c'est 1 + 5 ou 6; et par suite 8 — 7 + 5 — 4 c'est 6 — 4 ou 2 ; de sorte qu'on peut poser 8 — 7 + 5 — 4 = 2

Les 2 expressions, 7 — 8 + 5 — 4, 8 — 7 + 4 — 6, sont, au contraire, des *non-sens* en *arithmétique vulgaire*.

La 1re est un *non-sens* visible, puisque de 7 on ne peut *retrancher* 8

La 2e est aussi un *non-sens*, bien que la *partie* 8 — 7 + 4 ait un *sens* et pour *valeur* 5; car de 5 on ne peut *retrancher* 6, ce qui fait que l'expression entière est un *non-sens*.

Enfin, l'expression 8 — 7 + 4 — 5 a un *sens*, et pour valeur 0, *zéro* ou *rien*, qui est une *valeur* en *arithmétique*.

On voit, en effet, que 8 — 7 + 4 c'est 5; or 5 — 5 c'est 0 ; de sorte qu'on peut poser 8 — 7 + 4 — 5 = 0

XL. Quand une expression formée de *termes* à *signes* + et — a un SENS : on ne *change* pas *sa valeur*, en mettant tous les *termes* à signe + à la *gauche*.

Ainsi, on a le *droit* de poser : 8 — 7 + 5 — 4 = 8 + 5 — 7 — 4; car cela revient à poser 2 = 2

Il est clair, en effet, que 8 — 7 + 5 exprime le même nombre 6 que 8 + 5 — 7; donc 8 — 7 + 5 — 4 exprime le même nombre 2 que 8 + 5 — 7 — 4

De même, on a le *droit* de poser : 8 — 7 + 4 — 5 = 8 + 4 — 7 — 5, car cela revient à poser 0 = 0

Mais on n'a le *droit* de mettre ainsi les *termes* à *signe* + à la *gauche* que lorsqu'on a la *certitude* que l'expression a un *sens*, ce qui est visible dans ces 2 expressions où aucun nombre à *signe* — n'est *plus grand* que le nombre exprimé avant lui.

Dans le *doute*, si l'expression que l'on considère a un *sens* ou est un *non-sens*, il faut bien *se garder* de faire ce *déplacement* des *termes*, car si l'expression était un *non-sens* on s'exposerait à la *remplacer* par une expression à *sens*, ce qui serait *changer* sa *valeur*. Ainsi, 8 — 7 + 4 — 6 + 1 est un *non-sens*, tandis que 8 + 4 + 1 — 7 — 6 a un *sens*, et pour *valeur* 0, *zéro*.

Quand on est bien ferme sur tous ces *prolégomènes*, on est en état de comprendre la THÉORIE des nombres *pairs* et *impairs*. Je passe donc à cette THÉORIE ; et comme elle est un EXTRAIT du 2e vol. de mon COURS d'*arithmétique* savante, *sans maître*, dont la 1re *livraison* a été publiée, voilà pourquoi elle en a la même *pagination* et le même *numérotage* des *chapitres* et des *articles*.

TABLE DES MATIÈRES

CHAPITRE XII.

Théorie des nombres **pairs** et **impairs.**

FIN DE LA TABLE.

CHAPITRE XII

QUARANTE-TROISIÈME LEÇON.

THÉORIE DES NOMBRES PAIRS ET IMPAIRS (1).

NOTIONS PRÉLIMINAIRES.

SOMMAIRE. — *Définition* des nombres *pairs* et *impairs*. — *Formule algébrique* de tous les nombres *consécutifs*. — *Formule algébrique* de tous les nombres *pairs*. — *Formule algébrique* de tous les nombres *impairs*. — La *série* de tous les nombres *consécutifs* se compose de la *série* de tous les nombres *impairs* et de la *série* de tous les nombres *pairs*. Les nombres *consécutifs* y sont alternativement *impairs* et *pairs*, puisqu'elle commence par le nombre *impair* 1 — De 2 nombres *consécutifs* : si le *plus petit* est *impair* ou *pair*, le *plus grand* est *pair* ou *impair*. — Dans la *série* de tous les nombres *consécutifs* : tout nombre *pair* est *compris* entre 2 nombres *impairs*. — Dans la *série* de tous les nombres *consécutifs* : tout nombre *impair*, autre que celui 1, est compris entre 2 nombres *pairs*. — La *série* indéfinie de tous les nombres *pairs*, dans l'*ordre croissant*, n'est autre chose que la *série* de tous les nombres dont chacun contient le nombre *pair* 2 de plus que le nombre *pair* précédent, à l'exception de *celui* 2 qui n'a pas de nombre *pair* précédent, puisqu'il est le *plus petit* de tous les nombres *pairs*. De même : la *série* indéfinie de tous les nombres *impairs*, dans l'*ordre croissant*, n'est aussi autre chose que la *série* de tous les nombres dont chacun contient le nombre *pair* 2, de plus que le nombre *impair* précédent, à l'exçeption du nombre *impair* 1 qui n'en n'a pas de précédent, puisqu'il est le *plus petit* de tous les nombres *impairs* et de tous les nombres. — La *formule algébrique* n-1 est *à la fois* celle de 0, *zéro* ou *rien*, et celle de tous les nombres *consécutifs*, cest-à-dire alternativement *impairs* et *pairs*. La *formule* n+1 ou 1+n est celle de tous les nombres *consécutifs*, *non compris* celui 1, c'est-à-dire, alternativement *pairs* et *impairs*. — La *formule algébrique* 2•n-2 est *à la fois* la *formule* de 0, *zéro* ou *rien*, et la *formule* de tous les nombres *pairs*. — La *formule algébrique* 2 • n + 2 est *celle* de tous les nombres *pairs consécutifs*, à partir de celui 4, c'est-à-dire *non compris* celui 2. Sous 2•n+2, se place donc toujours un nombre *pair*, quel que soit le nombre n — La *formule algébrique* 2 • n+1 est *celle* de tous les nombres *impairs consécutifs*, à partir de celui 3, c'est-à-dire *non compris* celui 1. Sous 2• n+1 se place donc toujours un nombre

(1) A la page 322 de la 1re livraison du 2e volume des principes, j'ai annoncé que la 2e livraison commencerait par les *opérations*, addition, soustraction, etc., des nombres concrets à *unité* de *dénomination fractionnaire*. Je me suis aperçu qu'il était fort utile d'exposer avant la THÉORIE *toute nouvelle* des nombres *pairs* et *impairs*, je me suis donc trompé, ce qui n'a rien d'étonnant, puisque je parcours une *route* que personne n'a tracée avant moi.

impair, quel que soit le nombre n — Les 2 *formules algébriques*, 2 · n—1, 2 · n, ensemble, sont celles de tous les nombres *consécutifs*, mais 2 *à la fois* : la première de chaque nombre *impair*, et la deuxième de chaque nombre pair qui le suit. — Les 2 *formules algébriques*, 2 · n, 2 · n+2, ensemble, sont celles de tous les nombres *pairs* consécutifs, mais de 2 à la fois. Et de même de celles, 2 · n—1, 2 · n+1, pour les nombres *impairs* consécutifs. — Qu'APPELLE-T-ON chiffres *pairs*, chiffres *impairs? Signes* de *multiple, pairs* ou *impairs*, signes de *subdivision, pairs* ou *impairs?*

452. DÉFINITION des nombres PAIRS et IMPAIRS. — Tout nombre, quel qu'il soit, EST OU N'EST PAS composé de 2 nombres ÉGAUX OU IDENTIQUES, c'est-à-dire, vulgairement parlant, de 2 nombres PAREILS.

TOUS CEUX qui ont la *propriété* d'être la *somme* de 2 nombres *égaux* ou *identiques* sont appelés nombres *pairs*, mot qui vient de celui *pareil*.

De là suit donc que le nombre II, 2, est le *plus petit* de tous les nombres *pairs*, puisqu'il est le *somme* de 1 + 1.

Par conséquent, on appelle nombres *impairs*, c'est-à-dire *non pairs* : tous les nombres qui *n'ont pas* la *propriété* d'être la *somme* de 2 nombres *égaux* ou *identiques*.

De là suit donc aussi que le nombre 1 est le *plus petit* de tous les nombres *impairs*, puisque *celui-là*, qui est le *plus petit* de tous les nombres et sert à composer tous les autres, n'est visiblement pas la *somme* de 2 nombres *égaux* ou *identiques*.

453. FORMULE ALGÉBRIQUE de tous les nombres *consécutifs*. — Puisque, pour parler des *nombres abstraits*, sans les *déterminer* par leur *nom* ou par leur expression *vulgaire* en *chiffres*, on CONVIENT de se servir des *petites lettres* de l'*alphabet a*, *b*, *c*, *d*...., etc., qui en tiennent la *place*, ce qu'on appelle le *langage algébrique* : chacune d'elles, pouvant recevoir pour *valeur* tel nombre que l'on veut, pourrait donc être PRISE pour être la *formule algébrique* de tous les nombres *consécutifs* ; mais, pour embrasser la SÉRIE de tous les nombres croissant par 1, à partir de celui 1, il est d'usage d'employer de préférence la lettre *n* qui est l'*initiale* du mot *nombre*.

Ainsi, la lettre *n* est la *formule algébrique* de TOUS les nombres *consécutifs*, puisqu'on peut lui donner successivement pour *valeur* chacun de ces nombres, c'est-à-dire la *remplacer* par eux, bien entendu par leur *nom* ou par leur expression *vulgaire* en *chiffres*, les nombres *eux-mêmes*, quand ils sont *plus grands* que celui 1, n'étant présents qu'à notre esprit.

454. FORMULE ALGÉBRIQUE de tous les nombres PAIRS. — Tous les nombres *pairs*, sans exception, sont compris sous l'une quelconque des 3 *formules* suivantes :

$$n + n \quad , \quad 2 \cdot n \quad , \quad n \cdot 2$$

du moment que le *chiffre* 2 exprime le nombre 1 + 1 ou II qu'il ne faut pas confondre *ici* avec le nombre dit *onze* : II étant ici le nombre *lui-même*, et non l'expression *vulgaire* en *chiffres* du nombre *onze*.

La FORMULE $2 \cdot n$, bien qu'elle ne réponde pas à la *définition* aussi *directement* que celle $n + n$, est CELLE qui est le plus en usage pour exprimer un nombre *pair* quelconque ; cela tient à ce qu'elle fait disparaître le *signe* +, et qu'une *formule* à 1 seul *terme* est plus simple qu'une *formule* à 2 *termes*.

DÉMONSTRATION. — En effet: d'après la *définition* des nombres *pairs*, $n + n$, en mettant successivement chacun des nombres consécutifs, c'est-à-dire son *nom* ou mieux son expression *vulgaire* en *chiffres*, à la place de n, fournira tous les nombres *pairs*, sans exception, puisque le nombre exprimé sera toujours la *somme* de 2 nombres *égaux* ou *identiques*.

Or, $n + n$ a pour expression plus simple $2 \cdot n$ ou $n \cdot 2$, du moment que le *chiffre* 2 exprime le nombre 1 + 1 ou II

Ainsi, la *formule* $2 \cdot n$, préférable à celle $n \cdot 2$ qui résulte du *principe* de l'*intervertissement*, nous apprend que tous les nombres *pairs*, compris dans la *série* de tous les nombres *consécutifs*, ont pour expression non *vulgaire* en *chiffres* :

2•1, 2•2, 2•3, 2•4, 2•5, 2•6...., et ainsi indéfiniment,
ou 2 , 4 , 6 , 8 , 10 , 12...., et ainsi indéfiniment.

C'est là la *serie* indéfinie de tous les nombres *pairs*, *tels* que nous les exprimons dans notre *système* de *numération chiffrée* qui a pour BASE le nombre PAIR *dix*.

Il va de soi que, lorsqu'on pose $2 \cdot a$, $2 \cdot b$, $2 \cdot c$, etc., on veut parler de nombres *pairs* différents, puisque les lettres a, b, c, etc., étant différentes, doivent *tenir* la *place* de nombres différents.

455. FORMULE ALGÉBRIQUE de tous les nombres IMPAIRS. — Tous les nombres de la *série* des nombres *consécutifs*, autres que ceux du numéro précédent, n'étant pas des nombres *pairs*, sont donc des

nombres *impairs*. Or, *tous ceux-là*, sans exception, sont compris sous l'une quelconque des 3 *formules* suivantes :

$$n + n - 1 \quad , \quad 2 \cdot n - 1 \quad , \quad n \cdot 2 - 1$$

mais c'est CELLE $2 \cdot n - 1$ qui est le plus en usage.

DÉMONSTRATION. — En effet : d'une part, d'après le numéro précédent, le nombre 1 et tous ceux qui sont *intermédiaires* entre 2 nombres *pairs*, n'étant pas des nombres *pairs*, sont donc des nombres *impairs*.

Ainsi, la *série* indéfinie de tous les nombres *impairs*, compris dans la *série* de tous les nombres *consécutifs*, est la suivante, dans notre *système* de *numération chiffrée :*

1, 3, 5, 7, 9, 11, 13....., et ainsi indéfiniment.

D'autre part : tous ces nombres sont véritablement *compris* sous la *formule* $2 \cdot n - 1$, puisqu'on les trouve *tous*, en mettant successivement, à la *place* de n, chacun des nombres *consécutifs* 1, 2, 3....., et ainsi indéfiniment.

Ainsi, $2 \cdot 1 - 1$, ou $2 - 1$, c'est 1
$2 \cdot 2 - 1$, ou $4 - 1$, c'est 3
$2 \cdot 3 - 1$, ou $6 - 1$, c'est 5

Et ainsi indéfiniment.

Il va de soi que, lorsqu'on pose $2 \cdot a - 1$, $2 \cdot b - 1$, $2 \cdot c - 1$, etc., on veut parler de nombres *impairs* différents, puisque les lettres a, b, c, etc., étant différentes, doivent *tenir* la *place* de nombres différents.

456. La SÉRIE de tous les nombres *consécutifs* se compose de la *série* de tous les nombres *impairs* et de la *série* de tous les nombres *pairs*.

Les nombres *consécutifs* y sont alternativement *impairs* et *pairs*, puisqu'elle commence par le nombre *impair* 1

Le 1er point est évident, puisque la *série* de tous les nombres *consécutifs* étant la série de tous les nombres, sans exception, comprend tous ceux qui sont *impairs* comme tous ceux qui sont *pairs*.

Le 2e point est évident aussi. Car après le nombre *impair* 1 qui est le *plus petit* de tous les nombres *impairs*, puisqu'il est le *plus petit* de tous les nombres, vient le nombre *pair* 2 qui est le *plus petit* de tous les nombres *pairs*.

Après, vient le nombre *impair* 3 ; après, le nombre *pair* 4 ; et ainsi indéfiniment, puisqu'il n'y a qu'*un seul* nombre *intermédiaire* entre 2 nombres *pairs*, et que ce nombre est *impair*.

457. De 2 nombres *consécutifs :* si le *plus petit* est *impair* ou *pair*, le *plus grand* est *pair* ou *impair*.

Cela résulte du n° précédent, puisque les nombres y sont alternativement *impairs* et *pairs*.

458. Dans la *série* de tous les nombres *consécutifs :* tout nombre *pair* est *compris* entre 2 nombres *impairs*.

Cela résulte aussi du n° 456, car tous les nombres *consécutifs* étant alternativement *impairs* et *pairs*, il est clair qu'avant un nombre *pair* vient un nombre *impair*, et après ce nombre *pair* un nombre *impair* aussi. Donc un nombre *pair* est toujours *compris* entre 2 nombres *impairs*.

459. Dans la *série* de tous les nombres *consécutifs :* tout nembre *impair*, autre que celui 1, est *compris* entre 2 nombres *pairs*.

Cela résulte aussi du n° 456, car tous les nombres *consécutifs* étant alternativement *impairs* et *pairs* , il est clair qu'avant le nombre *impair* 3, le plus grand après celui 1, vient le nombre *pair* 2, et après ce nombre *impair* 3, vient le nombre *pair* 4, et ainsi des autres. Donc tout nombre *impair*, autre que celui 1, est toujours *compris* entre 2 nombres *pairs*.

Le nombre *impair* 1 est le seul *excepté*, parce que *celui-là* étant le *plus petit* de tous les nombres, ne peut avoir un nombre *pair* avant lui, il a seulement le nombre *pair* 2 après lui.

460. La *série* indéfinie de tous les nombres *pairs*, dans l'ordre croissant, n'est autre chose que la *série* de tous les nombres dont chacun contient le nombre *pair* 2 de plus que le nombre *pair* précédent, à l'exception de celui 2 qui n'a pas de nombre *pair* précédent, puisqu'il est le *plus petit* de tous les nombres *pairs*.

De même : la *série* indéfinie de tous les nombres *impairs*, dans l'ordre croissant, n'est aussi autre chose que la *série* de tous les nombres dont *chacun* contient le nombre *pair* 2 de plus que le nombre *impair* précédent, à l'exception du nombre *impair* 1 qui n'en a pas de précédent, puisqu'il est à la fois le *plus petit* de tous les nombres *impairs* et le *plus petit* de tous les nombres.

Ces deux *faits* résultent de ce que, dans la *série* de tous les nombres *consécutifs*, chacun d'eux contient le nombre 1 de plus que le précédent, et de ce que les nombres y sont alternativement impairs et *pairs* [456].

En effet : le nombre *impair* qui vient *après* un nombre pair contient le nombre 1 de plus que lui ; et puisque le nombre pair qui vient *après* ce nombre *impair* contient le nombre 1 de plus que lui, il est clair que ce nombre *pair* qui vient après le nombre pair précédent contient le nombre 1 + 1 ou 2 de plus que lui.

De même : le nombre *pair* qui vient *après* un nombre *impair* contient le nombre 1 de plus que lui ; et puisque le nombre *impair* qui vient *après* ce nombre *pair* contient le nombre 1 de plus que lui, il est clair que ce nombre *impair* qui vient *après* le nombre *impair* précédent contient le nombre 1 + 1 ou 2 de plus que lui.

On pourrait le *démontrer* de bien d'autres manières, mais *celle-là* est la plus claire.

Disons en passant : 1° que la *série* indéfinie des nombres *pairs*, compris sous la *formule* 2 • n ;

Et la SÉRIE indéfinie des nombres *impairs*, compris sous la formule 2 • n-1,

Tels qu'on les trouve en mettant à la place de *n* chacun des nombres *consécutifs :* 1, 2, 3,... etc., indéfiniment, sont dites, la 1re : série indéfinie de *tous* les nombres *pairs consécutifs*, dans l'ordre croissant, parce qu'ils y sont tous, dans l'ordre croissant par 2 où ils *se suivent :* 2, 4, 6, 8,... etc., indéfiniment.

La 2e : SÉRIE indéfinie de tous les nombres *impairs* consécutifs, parce qu'ils y sont aussi tous, dans l'ordre croissant par 2 où ils *se suivent :* 1, 3, 5, 7,... etc., indéfiniment ;

De là suit donc, que dans la SÉRIE fondamentale qui comprend les nombres *pairs* et *impairs*, ils sont *consécutifs*, en tant que *nombres*.

Dans la SÉRIE des nombres *pairs*, ils sont *consécutifs* en tant que *pairs*.

Et dans la SÉRIE des nombres *impairs*, ils sont *consécutifs* en tant qu'*impairs*.

2° Que de 2 nombres *pairs* ou *impairs*, consécutifs : le *plus grand* contient le nombre 2 de *plus* que le *plus petit*, et par conséquent le *plus petit* contient le nombre 2 de *moins* que le *plus grand*.

461. La FORMULE ALGÉBRIQUE n-1 est *à la fois* la FORMULE de 0, *zéro*, ou *rien*, et la FORMULE de tous les nombres *consécutifs*, c'est-à-dire alternativement *impairs* et *pairs*.

Celle n + 1 ou 1 + n est la FORMULE de tous les nombres *consécu-*

tifs, non compris celui 1, c'est-à-dire alternativement *pairs* et *impairs.*

Le 1er *fait* est évident, car si l'on met successivement chacun des nombres *consécutifs* 1, 2, 3,... indéfiniment, à la place de n, on obtient d'abord 1-1 ou *zéro;* puis chacun des nombres *consécutifs*, 1, 2, 3,... etc., indéfiniment.

Le 2e *fait* est évident aussi, car on obtient 2, 3, 4,... indéfiniment.

462. La FORMULE ALGÉBRIQUE $2 \cdot n - 2$ est *à la fois* la FORMULE de 0, *zéro* ou *rien*, et la FORMULE de tous les nombres *pairs.*

En effet : si l'on fait $n = 1$, on a $2 \cdot 1 - 2$ ou 0

Quel que soit le nombre qu'on mette ensuite à la *place* de *n*, il sera *plus grand* que 1, c'est-à-dire *égal* à $1 + h$, h pouvant être l'un quelconque des nombres *consécutifs* 1, 2, 3,..., et ainsi indéfiniment.

On aura donc : $2 \cdot n = 2 \cdot (1 + h) = 1 + h + 1 + h = 2 \cdot h + 2$

Et par suite : $2 \cdot n - 2 = 2 \cdot h + 2 - 2 = 2 \cdot h$; or, $2 \cdot h$ est la *formule* de tous les nombres *pairs* (454).

463. La FORMULE ALGÉBRIQUE $2 \cdot n + 2$ est CELLE de tous les nombres *pairs* consécutifs, à partir de celui 4, c'est-à-dire *non compris* celui 2

Sous $2 \cdot n + 2$ se *place* donc toujours un nombre *pair*, quel que soit le nombre n

Le 1er point est évident, car $2 \cdot n$ étant la *formule* de tous les nombres *pairs*, y compris celui 2 : $2 \cdot n + 2$, est donc la *formule* de tous les nombres *pairs*, non compris celui 2, c'est-à-dire à partir de celui 4, savoir : 4, 6, 8,...... indéfiniment.

Le 2e point est évident aussi : puisque, quel que soit le nombre *pair* $2 \cdot n$, $2 \cdot n + 2$ est le nombre *pair* qui vient *après* lui (460).

464. La FORMULE ALGÉBRIQUE $2 \cdot n + 1$ est CELLE de tous les nombres *impairs* consécutifs, à partir de celui 3, c'est-à-dire *non compris* celui 1

Sous $2 \cdot n + 1$ se *place* donc toujours un nombre *impair*, quel que soit le nombre n

Le 1er point est évident, car $2 \cdot n$ étant la *formule* de tous les nombres *pairs :* $2 \cdot n + 1$ est donc la *formule* de tous les nombres qui contiennent le nombre 1 de *plus* que le nombre *pair* précédent. Or, ce sont bien tous les nombres *impairs*, non compris celui 1, c'est-à-dire à partir de celui 3, savoir : 3, 5, 7,......, etc., indéfiniment.

Le 2e point est évident aussi : puisque $2 \cdot n$ étant un nombre *pair*, nécessairement $2 \cdot n + 1$ est le nombre *impair* qui vient *après* lui.

465. Les 2 FORMULES ALGÉBRIQUES, $2 \cdot n - 1$, $2 \cdot n$ ensemble, sont CELLES de tous les nombres *consécutifs*, mais 2 *à la fois* : la 1re de chaque nombre *impair*, et la 2e de chaque nombre *pair* qui le suit.

Cela est évident : puisque la 1re est CELLE de tous les nombres *impairs*, et la 2e de tous les nombres *pairs*.

Ainsi, pour $n = 1$: la 1re exprime 1 et la 2e 2; pour $n = 2$: la 1re exprime 3, et la 2e, 4; et ainsi indéfiniment.

Ainsi, tandis que n est la *formule* de tous les nombres *consécutifs* *impairs* et *pairs* [453], mais d'*un seul* pour chaque *valeur* donnée à n : les 2 formules ensemble, $2 \cdot n - 1, 2 \cdot n$, sont celles de 2 nombres *consécutifs* à la fois, *impair* et *pair*.

466. Les 2 FORMULES ALGÉBRIQUES, $2 \cdot n$, $2 \cdot n + 2$, ensemble, sont celles de tous les nombres *pairs* consécutifs, mais de deux à la fois.

Et de même des 2 *formules*, $2 \cdot n - 1$, $2 \cdot n + 1$, pour les nombres *impairs* consécutifs.

Cela est évident pour les 2 premières. Car, quel que soit le nombre *pair* $2 \cdot n$, celui $2 \cdot n + 2$ est son *consécutif*, puisqu'il contient le nombre 2 de plus que lui [460].

Et quant aux 2 autres : le nombre *impair* $2 \cdot n - 1$, quel qu'il soit, a pour *impair consécutif* $2 \cdot n - 1 + 2$ [460) ; or $2 \cdot n - 1$ ayant un *sens*, on a $2 \cdot n - 1 + 2 = 2 \cdot n + 2 - 1$, c'est-à-dire $2 \cdot n + 1$.

467. Qu'appelle-t-on chiffres *pairs*, chiffres *impairs*? *signes* de *multiple*, *pairs* ou *impairs*? *signes* de *subdivision*, *pairs* ou *impairs*?

R. Par *abréviation*, on convient d'appeler chiffre *pair* : tout chiffre qui exprime un nombre *pair*.

Et chiffre *impair* : tout chiffre qui exprime un nombre *impair*.

Dans notre *système* de *numération chiffrée* dont la BASE est le nombre PAIR *dix* :

Parmi les *chiffres* qui expriment un nombre, il y en a donc 4 dits *pairs*, savoir : 2, 4, 6, 8

Et 5 dits *impairs*, savoir : 1, 3. 5, 7, 9

Les nombres exprimés par chacun de ces *chiffres* sont dits nombres d'*un seul chiffre*.

Je rappelle ici que le nombre 1 est dit *chiffre*, par *abus*, dans un intérêt d'*abréviation*; et cela, parce qu'il est réellement *chiffre* ou *signe*, toutes les fois qu'il *figure* ailleurs qu'à la *droite*, dans une expression de nombre de *plusieurs chiffres*, et que lorsqu'il est à la *droite* ou *seul*, il s'exprime lui-même.

Le chiffre 0, *zéro*, n'exprimant pas un nombre, n'est ni *pair*, ni *impair*, il est *neutre*, c'est-à-dire ni l'un, ni l'autre.

Les 4 *signes* de *multiple* 2•, 4•, 6•, 8•, sont appelés *signes* de *multiple pairs*, parce que les *chiffres* 2, 4, 6, 8, qui font partie de leur expression, sont des *chiffres pairs*.

Et les 4 *signes* de *subdivision* correspondants à ces 4 *signes* de *multiple : moitié* ou *demi*, *quart*, *sixième*, *huitième*, sont dits *signes* de *subdivision pairs*.

De même : les 4 *signes* de *multiple* 3•, 5•, 7•, 9• sont dits *signes* de *multiple impairs*, parce que les *chiffres* 3, 5, 7, 9 qui font partie de leur expression sont des *chiffres impairs*.

Et les 4 *signes* de *subdivision* correspondants à ces 4 *signes* de *multiple : tiers*, *cinquième*, *septième*, *neuvième* sont dits *signes* de *subdivision impairs*.

Tous ces *termes* de *distinction* sont fort utiles pour expliquer brièvement certaines vérités scientifiques.

QUARANTE-QUATRIÈME LEÇON.

PROPRIÉTÉS DES NOMBRES PAIRS ET IMPAIRS, QUANT A L'ADDITION ET A LA SOUSTRACTION.

SOMMAIRE — La SOMME de 2 nombres *pairs* ou de 2 nombres *impairs* DOIT toujours être un nombre *pair*. — La SOMME de 2 nombres, l'un *pair* et l'autre *impair*, DOIT toujours être un nombre *impair*. — La SOMME d'autant de nombres *pairs* qu'on en voudra DOIT toujours être un nombre *pair*. — La SOMME d'autant de nombres *impairs* qu'on en voudra : s'ils sont en nombre *pair*, DOIT toujours être un nombre *pair*; et s'ils sont en nombre *impair*, elle DOIT toujours être un nombre *impair*. — La SOMME d'autant de nombres qu'on en voudra, les uns *pairs*, les autres *impairs*, soit *séparés* par *espèce*, soit *mêlés*, DOIT toujours être comme il est dit au numéro précédent, les nombres *pairs* n'ayant aucune *influence* sur l'*espèce* du nombre-*somme*. — COMMENT, sans savoir les *règles*, ni la TABLE d'*addition*, mais connaissant seulement la *numération chiffrée*, ainsi que les nombres *pairs* et *impairs* par habitude : PEUT-ON juger, d'un coup d'œil, s'il y a CERTITUDE ou NON que l'ADDITION considérable qu'une autre PERSONNE vient d'effectuer est FAUSSE. — REMARQUE sur l'ADDITION. — POURQUOI est-il important de connaître le PRINCIPE, que, dans toute ADDITION, le nombre-*somme* doit être de l'ESPÈCE VOULUE par les nombres qu'on a *ajoutés* ensemble? — Si d'un nombre *pair* a, on *retranche* un nombre *pair* b *plus petit* que lui, le *reste* DOIT toujours être un nombre *pair*. — Si d'un nombre *impair* a, on *retranche* un nombre *impair* b, *plus petit* que lui, le *reste* DOIT toujours être un nombre *pair*. — La DIFFÉRENCE entre deux nombres, l'un *pair* et l'autre *impair*, DOIT toujours être un nombre *impair*. — REMARQUE importante sur la SOUSTRACTION. — Si d'un nombre *pair* a, on peut *retrancher* successivement plusieurs nombres *pairs :* le dernier *reste* DOIT être *zéro* ou un nombre *pair*. — Si d'un nombre *impair* a, on peut *retrancher* successivement plusieurs nombres *impairs :* selon que les nombres IMPAIRS à *retrancher* seront en nombre *pair* ou en nombre *impair*, le dernier *reste* devra être, savoir : 1° Sont-ils en nombre *pair?* le dernier *reste* DOIT toujours être un nombre *impair*. 2° Sont-ils en nombre *impair?* le dernier *reste* DOIT être *zéro* ou un nombre *pair*. — Si d'un nombre *impair* a, on peut *retrancher* successivement plusieurs nombres *pairs :* le dernier *reste* DOIT toujours être un nombre *impair*. — Si d'un nombre *pair* a, on peut *retrancher* successivement plusieurs nombres *impairs :* selon que les nombres *impairs* à *retrancher* seront en nombre *pair* ou en nombre *impair*, le dernier *reste* devra être, savoir : 1° Sont-ils en nombre *pair?* Le *reste* DOIT être *zéro* ou un nombre *pair* ; 2° Sont-ils en nombre *impair?* Le dernier *reste* DOIT toujours être un nombre *impair*. — *Toutes les fois* qu'une expression à plusieurs TERMES à signe + et à signe —, autant qu'en en voudra, soit *séparés* par *espèce* de *signes*, soit *mêlés*, et formée de nombres *tous pairs* ou *tous impairs*, a un SENS : sa *valeur* doit être, savoir : 1° Sont-ils *tous pairs?* sa *valeur* DOIT être *zéro* ou un nombre *pair;* 2° Sont-ils tous *impairs?* sa *valeur* DOIT être *zéro* ou un nombre *pair*, s'ils sont en nombre *pair*, et elle DOIT être un nombre *impair*, s'ils sont en nombre *impair*. — *Toutes les fois* qu'une expression à plusieurs

TERMES à *signes* + et à *signes* —, telle qu'il est dit au numéro précédent, sauf que les nombres à *signe* + comme à *signe* — sont maintenant *pairs* et *impairs*, a un SENS : COMMENT reconnaît-on qu'elle DOIT avoir pour *valeur*, *zéro* ou un nombre *pair*, ou bien un nombre *impair?*

468. Si l'on ajoute ensemble 2 nombres *pairs* ou *impairs*, on doit trouver toujours pour *somme* un nombre *pair*.

Ou ce qui est dire la même chose en d'autres mots :

La *somme* de 2 nombres *pairs*, de même que de 2 nombres *impairs*, DOIT toujours être un nombre *pair*.

DÉMONSTRATION. En effet : si les 2 nombres que l'on ajoute ensemble sont *égaux* ou *identiques*, $n+n$ ou $2 \cdot n$: le nombre-*somme* ainsi exprimé est un nombre *pair*, en vertu de la *définition* : peu importe que ce nombre n soit *pair* ou *impair*.

Si les 2 nombres sont *inégaux* ou *différents*, $a+b$:

1° Sont-ils *pairs* tous les 2? Alors celui $a=h+h$, et celui $b=k+k$, puisque chacun d'eux doit être la *somme* de 2 nombres *égaux* ou *identiques*.

Donc $a+b=h+h+k+k=h+k+h+k$; et comme $h+k$ est un certain nombre n, on a donc $a+b=n+n$ ou $2 \cdot n$, c'est-à-dire donc un nombre *pair* (454).

2° Sont-ils *impairs* tous les 2? Si l'un d'eux est celui 1 : alors la *somme* $a+1$ ou $1+b$ est le nombre *pair* qui suit le nombre *impair* a ou le nombre *impair* b (457).

S'ils sont *plus grands* que 1, tous les 2? alors celui $a=h+h-1$, et celui $b=k+k-1$ (455), les 2 nombres h et k étant *différents*, puisque ceux a et b sont supposés *différents*.

Donc $a+b=h+h-1+k+k-1$; et comme cette expression a toujours un *sens*, puisque $h+h$ comme $k+k$ est un nombre *plus grand* que 1, on peut mettre tous les *termes* à signe + à la *gauche*, sans *changer* la *valeur* de l'expression.

On a donc $a+b=h+h+k+k-1-1=h+k+h+k-2=n+n-2$ ou $2 \cdot n-2$, puisque la *somme* $h+k$ est un certain nombre n; or $2 \cdot n-2$ est un nombre *pair*, du moment que ce nombre n est *plus grand* que 1 (462).

469. La *somme* de 2 nombres a et b, a *pair* et b *impair*, DOIT toujours être un nombre *impair*.

DÉMONSTRATION. En effet : 1° les 2 nombres a et b sont-ils *consécutifs?*

Comme ils ne diffèrent que de 1, on a donc $b=a-1$ ou $b=a+1$, selon que b est le nombre *impair* qui vient *avant* ou *après* le nombre *pair* a

Par conséquent, la *somme* $a + b = a + a - 1$ ou $2 \cdot a - 1$, dans le 1er *cas;* elle est donc alors le nombre *impair* qui vient *avant* le nombre *pair* $2 \cdot a$

Et dans le 2e *cas*, la *somme* $a + b = a + a + 1$ ou $2 \cdot a + 1$, c'est-à-dire aussi le nombre *impair* qui vient *après* le nombre *pair* $2 \cdot a$

2° Les 2 nombres a et b ne sont-ils pas *consécutifs?*

Alors : comme il existe un nombre h *tel*, que $a = h + h$ (452).

Et un nombre k *tel*, que $b = k + k - 1$ (455).

On a donc : *somme* $a + b = h + h + k + k - 1 = h + k + h + k - 1$ $= n + n - 1$ ou $2 \cdot n - 1$, c'est-à-dire un nombre *impair* (455), puisque $h + k$ est un certain nombre n

D'ailleurs, ce nombre *impair* n'est autre que celui qui vient *avant* le nombre *pair* $2 \cdot n$ ou $2 \cdot (h + k)$; la *proposition* est donc justifiée.

Remarquons, en passant, que lorsque le nombre *impair* b est celui 1, la *somme* $a + b$ est $a + 1$, c'est-à-dire le nombre *impair* qui vient *après* le nombre *pair* a, lequel nombre *impair* n'est autre que celui qui vient *avant* le nombre *pair* $2 \cdot (h + k)$

En effet : le nombre *impair* $a + 1$ est celui qui vient *avant* le nombre *pair* $a + 2$; or, lorsque b est 1, k est 1 aussi, puisque $1 = 1 + 1 - 1$; et alors le nombre *pair* $2 \cdot (h + k)$ n'est autre que $2 \cdot (h + 1)$ ou $h + h + 2$, c'est-à-dire $a + 2$

Le lecteur, par curiosité, peut *vérifier* sur des exemples *particuliers* toutes les *propositions* que je fais passer sous ses yeux, puisqu'il connaît les nombres *pairs* et *impairs* par habitude, d'après leur expression *vulgaire* en *chiffres*. Je dis par curiosité, parce qu'un véritable *arithméticien* ne vérifie jamais des *propositions* dont il a compris la *démonstration*.

470. La SOMME d'autant de nombres *pairs* qu'on en voudra DOIT toujours être un nombre *pair*.

Cela est évident. Car la *somme* de 2 d'entre eux étant un nombre *pair* (468); la *somme* de *celui-là* et d'un autre est aussi un nombre *pair*, et ainsi de suite.

471. La *somme* d'autant de nombres *impairs* qu'on en voudra DOIT ÊTRE, savoir :

1° S'ils sont en nombre *pair :* elle DOIT ÊTRE un nombre *pair*.

2° S'ils sont en nombre *impair :* elle DOIT ÊTRE un nombre *impair*.

Cela est évident. Car la *somme* de 2 d'entre eux (nombre *pair*) est un nombre *pair* (468). La *somme* de *celui-là* et d'un *autre*, c'est-à-dire la *somme* de 3 d'entre eux (nombre *impair*) est un nombre *im-*

pair (469). La *somme* de *celui-là* et d'un *autre*, c'est-à-dire la *somme* de 4 d'entre eux (nombre *pair*) est un nombre *pair*, et ainsi de suite.

Or, on voit bien que lorsque le *nombre* des nombres *impairs* ajoutés ensemble est *pair* : la *somme* est un nombre *pair* ; et que lorsqu'il est *impair* : la *somme* est un nombre *impair*.

472. La *somme* d'autant de nombres qu'on en voudra, les uns *pairs*, les autres *impairs*, soit *séparés* par *espèce*, soit *mêlés*, DOIT ÊTRE, savoir :

1° Si les nombres *impairs* sont en nombre *pair* : le nombre-*somme* DOIT toujours être *pair*.

2° Si les nombres *impairs* sont en nombre *impair* : le nombre-*somme* DOIT toujours être *impair* :

Ce qui est dire que les nombres *pairs* n'ont *aucune influence* sur l'*espèce* du nombre-*somme*.

DÉMONSTRATION. En effet : la *somme* de tous les nombres, dans quelque ordre qu'ils soient *rangés*, est *la même* que la *somme* de tous ceux qui sont *pairs* plus la *somme* de tous ceux qui sont *impairs*.

La *somme* de tous ceux qui sont *pairs*, peu importe *combien* ils sont, est un nombre *pair* [470].

Si tous ceux qui sont *impairs* sont en nombre *pair* : leur *somme* est aussi un nombre *pair* [471] ; or, la *somme* de 2 nombres *pairs* est un nombre *pair*, ce qui justifie le 1°.

Si tous ceux qui sont *impairs* sont en nombre *impair*, leur *somme* est un nombre *impair* [471] ; or la *somme* de 2 nombres, l'un *pair* et l'autre *impair* est un nombre *impair* [469], ce qui justifie le 2°.

Si l'on trouvait pour *somme* un nombre *impair*, dans le *cas* du 1°, et un nombre *pair*, dans le *cas* du 2°, il y aurait donc *certitude* absolue que l'*addition* est *fausse* ; ce qui ne veut pas dire qu'elle serait nécessairement *vraie*, dans le cas contraire, la chose pouvant *être* ou *ne pas être*, l'*addition* pouvant être *fausse* pour d'autres causes.

473. COMMENT, sans connaître les *règles*, ni la TABLE d'*addition*, mais seulement la *numération chiffrée* et les nombres *pairs* et *impairs*, par habitude, PEUT-ON juger, d'un coup d'œil, s'il y a CERTITUDE ou NON que l'*addition* considérable (1) qu'une autre *personne* vient d'effectuer est FAUSSE ?

(1) Je dis considérable, parce qu'un *arithméticien* exercé ne se trompe pas, quand il n'a à *ajouter* que peu de nombres, de même que nul ne se trompe en comptant *un, deux, trois...* etc.

Réponse. De la manière la plus facile.

On voit, d'un coup d'œil, si les nombres dont on vient de faire la *somme* sont :

1° Tous *pairs;* 2° tous *impairs;* 3° ou bien les uns *pairs* et les autres *impairs.*

1° Sont-ils tous *pairs?* L'*addition* est *fausse*, si la *somme* est un nombre *impair* [470].

2° Sont-ils tous *impairs?* On les compte mentalement, c'est-à-dire sans bruit.

Sont-ils en nombre *pair?* L'*addition* est *fausse*, si la *somme* est un nombre *impair* [471, 1°].

Sont-ils en nombre *impair?* L'*addition* est *fausse*, si la *somme* est un nombre *pair* [471, 2°].

3° Sont-ils les uns *pairs*, les autres *impairs?* C'est là le *cas* le plus général.

On *compte* les nombres *impairs* seulement; et selon qu'ils sont en nombre *pair* ou en nombre *impair*, l'*addition* est *fausse* si la *somme* est comme il vient d'être dit au 2°.

Ainsi : quand le nombre-*somme* n'est pas de l'*espèce voulue* par les nombres dont on a fait la *somme :* il y a certitude absolue que l'*addition* est *fausse;* elle n'est donc pas à *vérifier*, mais à *rectifier.*

Quand le nombre-*somme* est de l'*espèce voulue :* il n'y a, au contraire, aucune *certitude*, ni que l'*addition* soit *vraie*, ni qu'elle soit *fausse*, il y a *doute*, attendu qu'elle peut-être *fausse* pour d'autres causes, ainsi que je vais l'expliquer à la remarque suivante.

Comme vous le voyez : une *personne* qui ne connaîtrait aucune des *règles* de l'*arithmétique*, mais seulement les nombres *pairs* et les nombres *impairs*, ce que sait, par habitude, *celui* qui connaît la *munération chiffrée*, peut donc juger d'un coup d'œil, s'il y a *certitude* ou *non* que l'*addition* considérable qu'une autre *personne* vient d'effectuer est *fausse*, puisque si, en comptant les nombres *impairs*, acte ou personne ne se trompe, on reconnaît que le nombre-*somme* n'est pas de l'*espèce voulue*, la *certitude* que l'*addition* est *fausse* existe, tandis qu'il n'y a pas *certitude* qu'elle soit *vraie*, ni *fausse*, mais *doute*, si le nombre-*somme* est de l'*espèce voulue.*

474. Remarque sur l'addition. — Il importe d'expliquer *pourquoi*, lorsque le nombre-*somme* est de l'*espèce voulue*, ce n'est pas une raison pour *croire* que l'*opération* est *exacte*, attendu, ai-je dit, qu'elle pourrait être *fausse* pour d'autres causes.

1° Supposons que le nombre-*somme* doive être *pair*, et qu'on l'ait trouvé *pair*, parce qu'on sait, par la mémoire, que dans notre *système* de *munération chiffrée*, tout nombre dont le 1er chiffre de *droite* est l'un de ceux 0, 2, 4, 6, 8 est un nombre *pair*. Cela empêche-t-il qu'en *additionnant* la colonne des *unités* simples, on n'ait pu commettre, par exemple, une *erreur* de 2, 4, etc., *unités* en *plus* ou en *moins?* Certainement NON. Or cette *erreur* étant un nombre *pair* n'a aucune *influence* sur l'*espèce* du nombre-*somme* qui est donc *pair* comme si l'*addition* de cette 1re *colonne* avait été exactement faite.

De même : supposons que le nombre-*somme* doive être *impair*, et qu'on l'ait trouvé *impair*, parce qu'on sait que tout nombre dont le 1er chiffre de *droite* est l'un de ceux 1, 3, 5, 7, 9 est un nombre *impair*. Cela empêche-t-il qu'en *additionnant* la colonne des *unités* simples, on n'ait pu commettre aussi, par exemple, une *erreur* de 2, 4,... *unités* en *plus* ou en *moins?* Certainement NON. Or cette *erreur* étant un nombre *pair* n'a non plus aucune *influence* sur l'*espèce* du nombre-*somme* qui est donc *impair* comme si l'*addition* de cette 1re *colonne* avait été exactement faite.

2° Mais il y a plus encore. Supposons que l'*addition* de la colonne des *unités* simples soit *exacte*. Cela empêche-t-il qu'il ne puisse y avoir *erreur* dans l'*addition* de quelqu'une des autres colonnes, des *dizaines*, des *centaines*, etc.? Certainement NON.

De là vient donc que toute personne sensée qui fait une *addition* considérable doit s'assurer le moyen de reconnaître si *chaque colonne* donne pour *somme* un nombre de l'*espèce voulue* pour cette *colonne*; et pour cela faire, elle doit *écrire* en dessus de chacune d'elles, en plus *petits caractères*, la *retenue* que vient de lui fournir la colonne précédente.

L'*addition* étant achevée : on compte les *chiffres impairs* de chaque colonne, y compris la *retenue*, si c'est un nombre *impair*. Le chiffre correspondant de la *somme* doit être *pair*, s'ils sont en nombre *pair*, et *impair*, s'ils sont en nombre *impair*.

Si cela n'est pas, il y a donc *certitude* que l'*addition* de cette colonne est *fausse*, si la *retenue* est *vraie*, ce qu'il faut *vérifier;* car tous les autres chiffres étant *donnés*, l'erreur ne peut provenir que de la *retenue*, puisque nul ne se trompe en comptant les chiffres *impairs;* et elle est *fausse* aussi, si la *retenue vraie* doit être un nombre *impair* différent de celui qui est *écrit*, ce qui est évident.

Mais si la *retenue vraie* doit être un nombre *pair*, et non le nombre *impair* qu'on a écrit : le chiffre de la *somme* sera bien de l'*espèce voulue* pour la colonne, après que la *retenue* aura été *rectifiée*, mais sera-t-il le *chiffre voulu* de *cette espèce ?*

Si le chiffre *écrit* au-dessous de *chaque colonne* est de l'*espèce voulue* pour *cette colonne :* il est *probable* que l'*addition* est *exacte*, mais il n'y a aucune *certitude* que cela est, par la raison dite au 1° : l'*arithmétique* n'apprenant pas à *calculer* juste, mais seulement à *raisonner* juste. Raisonner juste c'est faire de la *logique*, tandis que *calculer* juste, c'est appliquer, *sans erreur*, les *règles* propres aux *calculs*, acte pour lequel un esprit fatigué par une longue *opération* peut trouver *parfois* la mémoire infidèle, car la raison est toujours présente et la mémoire non.

Et puisque chacun des *chiffres* du nombre-*somme* fût-il de l'*espèce voulue* par les chiffres de la *colonne* à laquelle il *correspond*, y compris la *retenue*, ce ne serait pas une raison pour *croire* que l'*addition* considérable et fatigante que l'on vient d'effectuer est exempte d'*erreur*, il faut voir, pour avoir confiance en elle, si on trouve le *même* nombre-*somme* en opérant d'une autre manière. Mais quelle sera cette autre manière ?

En général, on enseigne d'*ajouter* les nombres de *bas* en *haut*. Mais dût-on *retrouver* ainsi le *même* nombre qu'en les *ajoutant* du *haut* en *bas*, ce ne serait pas, à mon avis, une garantie suffisante, car des causes analogues à celles qui auraient pu produire une *erreur* en *ajoutant* du *haut* en *bas*, pourraient bien produire la *même erreur* en *ajoutant* de *bas* en *haut;* on n'aurait donc encore qu'une *presque certitude*, car la *certitude*, en pareille matière, a plusieurs *degrés*.

Pour augmenter le *degré* de la *certitude*, il faut opérer ainsi :

Les nombres à *ajouter* ensemble étant *a*, *b*, *c*, *d*,... etc., il faut n'en *ajouter* que 2 à la fois.

On ajoute donc les 2 *premiers a* et *b*; puis le nombre-*somme* avec celui *c*; puis le nouveau nombre-*somme* avec celui *d*, et ainsi de suite jusqu'au *dernier* nombre.

Si l'on *retrouve* ainsi le nombre déjà *trouvé*, il y a *certitude morale* que le nombre trouvé pour *somme* est le *vrai*. Pourquoi cela ? Parce qu'un *arithméticien* exercé ne se trompe pas en ajoutant ensemble 2 nombres *seulement*, opération où la *retenue*, quand il y en a une, est toujours de 1.

C'est à ce point qu'on pourrait même se borner à cette seule manière d'effectuer une *addition* considérable, car la *certitude morale* existerait également.

Sans doute, en opérant ainsi, on fait autant d'ADDITIONS, *moins* une, qu'il y a de nombres à ajouter ensemble, 19 *additions*, s'il y a 20 nombres, mais il faut OPTER :

Ajouter tous les nombres ensemble par une seule *addition*, c'est *gagner* du *temps* aux dépens du *degré* de *certitude*.

N'ajouter que 2 nombres ensemble, c'est se donner la *certitude morale* aux dépens du *temps*, chacun est donc juge en pareille matière à ses *risques* et *périls*.

Quant à la *certitude absolue* qu'une telle *addition* est vraie, elle ne peut exister, encore une fois, dans les *opérations* de l'*arithmétique*, puisqu'elles s'effectuent à l'aide de la mémoire, faculté très-fragile. La *certitude absolue* n'existe que dans la *logique*.

Ainsi : s'il est vrai que $458 + 763 = 1221$: il y a *certitude logique* que $1221 - 458 = 763$, et que $1221 - 763 = 458$; mais remarquez que ce n'est là qu'une *certitude logique conditionnelle*, car si la 1re *équivalence* était *fausse*, les 2 autres seraient *fausses* comme elle.

Pour le *principe* de l'*espèce*, au contraire : dans la *somme* de plusieurs nombres, il y a *certitude logique absolue*, que l'*addition* est FAUSSE, dans les *cas* qui viennent d'être résumés au n° 473, et nous allons voir qu'il en est de même pour la *soustraction*, la *multiplication* et la *division* PAR et EN.

475. POURQUOI est-il de la plus haute importance de connaître le *principe* que, dans toute *addition*, le nombre-*somme* doit être de l'*espèce voulue* par les nombres qu'on a ajoutés ensemble?

RÉPONSE. Parce que, si *celui* qui ne connaît pas ce *principe fondamental*, et le nombre de ces personnes est très-grand, puisque, chose incroyable, ce *principe* est formulé aujourd'hui pour la 1re fois : si *celui-là*, dis-je, a trouvé un nombre-*somme* qui n'est pas de l'*espèce voulue*, ce qu'il ignore, vérifie l'*addition*, soit en la recommençant, soit en ajoutant les nombres de *bas* en *haut*, et vient *par hasard* à *retrouver* le *même* nombre, il CROIRA son *addition exacte*, alors qu'il y a *certitude logique absolue* qu'elle est FAUSSE.

Comme vous voyez, la connaissance du *principe* de *l'espèce* a une haute valeur, et il est fort singulier qu'aucun *auteur* d'*arithmétique* ne l'ait signalé.

476. Quant à la SOUSTRACTION. — Si d'un nombre PAIR a, on *retranche* un nombre PAIR b *plus petit* que lui : le *reste* DOIT toujours être un nombre PAIR.

Ou, ce qui est dire la même chose en d'autres mots :

La DIFFÉRENCE entre 2 nombres PAIRS *inégaux* ou *différents* est toujours un nombre PAIR.

DÉMONSTRATION. En effet : si, d'un nombre donné a, *pair* ou *impair*, on *retranche* un nombre donné b *plus petit* que lui, on trouve pour *reste* un certain nombre c

Donc : si à ce nombre c, on *ajoute* ensuite le nombre b, on doit *retrouver* pour *somme* le même nombre a; c'est là une notion du *sens commun*, puisqu'en *ajoutant* au *reste* le nombre qu'on a *retranché*, on rétablit évidemment le grand nombre *tel qu'il était*. Chacun peut vérifier ce *fait* sur des nombres concrets *naturels*, sur des nombres de *marrons*, par exemple.

Donc : il est vrai de dire que du moment que l'*équivalence* a — b = c est *vraie*, celle a = c + b est nécessairement *vraie* aussi.

Cela étant : lorsque a et b sont des nombres *pairs*, le *reste* c doit être *pair* et non *impair*, attendu que le nombre *pair* a ne peut être la *somme* de 2 nombres, l'un *impair* c et l'autre *pair* b [469].

De là suit donc : que si, lorsque les 2 nombres a et b sont *pairs*, on trouvait pour *reste* un nombe *impair*, il y aurait *certitude* absolue que la *soustraction* est *fausse;* mais cela ne veut pas dire qu'elle serait nécessairement *vraie*, si le *reste* était un nombre *pair*, la chose pouvant *être* ou *ne pas être*, attendu que la *soustraction* pourrait être *fausse* pour d'autres causes, si le *calculateur* était un *enfant* qui n'est pas encore ferme sur la *soustraction*, un *arithméticien* exercé ne se trompant jamais pour cette *opération* (1).

477. Si d'un nombre IMPAIR a, on *retranche* un nombre IMPAIR b *plus petit* que lui : le *reste* DOIT toujours être aussi un nombre PAIR.

Ou, ce qui est dire la même chose en d'autres mots :

La *différence* entre 2 nombres IMPAIRS inégaux ou différents est toujours un nombre PAIR.

DÉMONSTRATION. En effet : nous venons de voir que de a — b = c, on déduit a = c + b.

Or a et b étant des nombres *impairs*, le *reste* c doit être *pair* et non *impair*, attendu que le nombre *impair* a ne peut être la *somme* de 2 nombres, l'un *impair* c et l'auteur *impair* b [468].

De là suit donc : que si l'on trouvait pour *reste* un nombre *impair*, il y aurait *certitude* absolue que la *soustraction* est *fausse*. Mais cela ne veut pas dire qu'elle serait nécessairement *vraie*, si le *reste* était un nombre *pair*, la chose pouvant *être* ou *ne pas être*, at-

(1) Voir la remarque sur la *Soustraction*, n° 479.

tendu que la *soustraction* pourrait être *fausse* pour d'autres causes, pour la raison dite au n° précédent.

478. 1° Si d'un nombre PAIR a, on *retranche* un nombre IMPAIR b *plus petit* que lui;

2° Ou si, d'un nombre IMPAIR a, on *retranche* un nombre PAIR b *plus petit* que lui : le *reste* DOIT toujours être un nombre IMPAIR.

Ou, ce qui est la même chose en d'autres mots :

La *différence* entre 2 nombres, l'un *pair*, et l'autre *impair* DOIT toujours être un nombre *impair* (1).

DÉMONSTRATION. En effet : de $a - b = c$, on déduit $a = c + b$.

1° Si a est *pair* et b *impair* : c doit être *impair* et non *pair*, car un nombre *pair* a ne peut être la *somme* d'un nombre *pair* c et d'un nombre *impair* b [469].

2° Si a est *impair* et b *pair* : c doit être un nombre *impair* et non *pair*, car un nombre *impair* a ne peut être la *somme* de 2 nombres *pairs* c et b [468].

De là suit donc : que si dans les 2 *cas*, on trouvait pour *reste* un nombre *pair*, il y aurait *certitude* absolue que la *soustraction* est *fausse*. Mais cela ne veut pas dire qu'elle serait nécessairement *vraie*, si l'on trouvait pour *reste* un nombre *impair*, cela pouvant *être* ou *ne pas être*, attendu qu'elle pourrait être *fausse* pour d'autres causes, pour la raison dite aux 2 n°s précédents.

479. REMARQUE importante sur la SOUSTRACTION. — Dans la *soustraction* : comme il n'y a que 2 nombres, il n'y a pas d'*erreur possible* pour un *arithméticien* exercé, ni quant à l'*espèce* du nombre *reste*, ni quant au nombre *voulu* de cette *espèce* :

Quant à l'*espèce* : puisqu'elle dépend du 1er *chiffre* de *droite* de chacun des 2 nombres; or l'esprit qui *débute* n'étant pas fatigué ne se trompe pas.

Quant au nombre *voulu* de cette *espèce* : il n'y a à *retrancher* qu'un nombre d'*un seul chiffre* d'un nombre d'*un seul chiffre égal*, *plus grand*, ou *plus petit* que lui. Est-il *égal* ou *plus grand*? L'*erreur* n'est *possible* que pour des enfants. Est-il *plus petit*? On n'a qu'à *retrancher* un nombre d'*un seul chiffre* d'un nombre de 2 *chiffres*, de 18 au plus, à cause de l'*emprunt* fait au *chiffre* précédent; et comme la *retenue* est toujours de 1, l'*erreur* n'est pas possible, ou serait facilement reconnue en *ajoutant* le *reste* avec le *petit nombre*, si elle avait été commise par *distraction* ; car la *soustraction*, comme l'*ad-*

(1) Puisque ces 2 nombres étant *différents* sont *inégaux*.

dition de 2 nombres seulement, ne cause aucune fatigue à l'esprit.

Pour la *soustraction*, il n'y a donc pas *possibilité* de prendre en *défaut* un arithméticien exercé qui ne connaît pas le *principe fondamental* de l'*espèce*, puisque personne ne se trompe pour faire une *soustraction*.

480. Si d'un nombre PAIR a, on peut *retrancher* successivement plusieurs nombres PAIRS : le dernier *reste* DOIT être ZÉRO ou un nombre PAIR.

DÉMONSTRATION. — En effet : *retrancher* chacun des nombres *successivement* revient au même que retrancher leur *somme*.

Si cette *somme*, qui est un nombre *pair* [470], est justement celui a : le dernier *reste* des *soustractions* successives doit donc être *zéro* comme le *reste* de la soustraction de la *somme*, puisque $a - a = 0$, *zéro* (1).

Si cette *somme* est un nombre *pair* b, *plus petit* que celui a, car il ne peut être *plus grand*, puisque toutes les *soustractions* sont possibles, le *reste* de $a - b$ ou c, qui est le *même* que le *dernier reste* des *soustractions* successives, doit être un nombre *pair* [476].

De là suit donc que, si l'on trouvait pour *reste* un nombre *impair*, il y aurait *certitude* absolue que l'*opération* est *fausse*. Mais cela ne veut pas dire qu'elle serait nécessairement *vraie*, si l'on trouvait pour reste *zéro* ou un nombre *pair*, la chose pouvant *être* ou *ne pas être*, attendu qu'elle pourrait être *fausse* pour d'autres causes.

Il est utile de remarquer, en passant, que cette *proposition* peut s'énoncer aussi de cette manière :

TOUTES LES FOIS qu'une expression à *plusieurs termes* $a - b - c - d -$, etc., tous à *signe* —, à l'exception du premier qui est toujours à *signe* +, a un SENS, les nombres étant tous PAIRS : sa *valeur* DOIT être ZÉRO ou un nombre PAIR.

481. Si d'un nombre IMPAIR a, on peut *retrancher* successivement plusieurs nombres IMPAIRS : selon que les nombres IMPAIRS à *retrancher* seront en nombre PAIR ou en nombre IMPAIR, le *dernier reste* devra être, savoir :

1° Sont-ils en nombre PAIR ? Le *dernier reste* DOIT être toujours un nombre IMPAIR.

(1) La lettre o ayant un sens *déterminé*, puisque ce *chiffre* dit *zéro* signifie *rien*, ne doit jamais être *employée* dans le *langage algébrique* pour tenir la place d'un nombre quelconque, il y aurait *confusion*.

2° Sont-ils en nombre IMPAIR ? Le *dernier reste* DOIT être ZÉRO ou un nombre PAIR.

DÉMONSTRATION. — En effet : dans le *cas* du 1°, leur *somme* est un nombre *pair* b [471, 1°], lequel doit être *plus petit* que le nombre *impair* a, puisque toutes les *soustractions* sont possibles. Or, le *reste* de a — b ou c est alors un nombre *impair* [478, 2°], ce qui justifie le 1° ci-dessus.

Dans le *cas* du 2°, leur *somme* est un nombre *impair* [471, 2°], lequel peut être le nombre *impair* a lui-même, ou bien un nombre *impair* b *plus petit*. Or, le *reste* de a — a est *zéro*, et le *reste* de a — b ou c est un nombre *pair* [477], ce qui justifie le 2° ci-dessus.

De là suit donc : que si on ne trouvait pas pour *reste zéro* ou un nombre *pair*, dans le *cas* du 2°, et un nombre *impair*, dans le *cas* du 1°, il y aurait *certitude* absolue que l'*opération* est *fausse*. Mais cela ne veut pas dire qu'elle serait nécesairement *vraie*, dans le cas contraire, la chose pouvant *être* ou *ne pas être*, la *soustraction* pouvant être *fausse* pour d'autres causes.

Remarquons, en passant, que cette *proposition* peut s'énoncer aussi de cette manière :

TOUTES LES FOIS que l'expression à plusieurs *termes*, a — b — c — d —, etc. (la suite comme au numéro précédent, en y remplaçant le mot *pair* par celui *impair*) a un SENS : sa *valeur* DOIT être un nombre *impair*, si les nombres *impairs* sont en nombre *pair*, et *zéro* ou un nombre *pair*, s'ils sont en nombre *impair*.

La *proposition* pour les nombres *impairs* est, comme on voit, plus complexe que la précédente pour les nombres *pairs*, parce que la *somme* de plusieurs nombres *pairs* n'offre qu'un seul *cas*, puisqu'elle est toujours un nombre *pair*, en quelque nombre qu'ils soient, tandis que la *somme* de plusieurs nombres *impairs* offre 2 *cas* [471].

482. Si d'un nombre IMPAIR a, on peut *retrancher* successivement plusieurs nombres PAIRS, le *dernier reste* DOIT toujours être un nombre IMPAIR.

Cela résulte du n° 478, 2°, puisque tous les *restes* doivent être *impairs*, par la même raison que le premier *reste*.

De là suit donc : que si, en faisant la *somme* des nombres *pairs*, laquelle doit être un nombre *pair* b [470] *plus petit* que le nombre *impair* a, puisque toutes les *soustractions* sont possibles, on ne trouvait pas pour *reste* de a — b ou c un nombre *impair*, il y aurait *certitude* absolue que l'*opération* est *fausse*. Mais cela ne veut pas dire qu'elle serait nécessairement *vraie*, dans le cas contraire, la chose pouvant *être* ou *ne pas être.*

Cette *proposition* peut s'énoncer aussi de cette manière :

TOUTES LES FOIS qu'une expression à *plusieurs termes*, a — b — c — d —, etc. (la suite comme au numéro précédent, sauf qu'ici le premier *terme* a est seul *impair*), a un SENS : sa *valeur* DOIT être un nombre IMPAIR.

483. Si d'un nombre PAIR a, on peut *retrancher* successivement plusieurs nombres IMPAIRS : selon que les nombres IMPAIRS à *retrancher* seront en nombre PAIR ou en nombre IMPAIR, le *dernier reste* devra être, savoir :

1° Sont-ils en nombre PAIR ? Le *dernier reste* DOIT être ZÉRO ou un nombre PAIR.

2° Sont-ils en nombre IMPAIR ? Le *dernier reste* DOIT être un nombre IMPAIR.

DÉMONSTRATION. En effet : dans le *cas* du 1°, leur *somme* est un nombre *pair* (471, 1°), lequel peut être celui a ou un nombre b *plus petit* que celui a; or, le reste de a — a est *zéro*, et le *reste* de a — b est un nombre *pair* c (476), ce qui justifie le 1° ci-dessus.

Dans le *cas* du 2° : leur *somme* est un nombre *impair* (471, 2°), lequel est un nombre b *plus petit* que celui a, puisque toutes les *soustractions* sont possibles. Or le *reste* de a — b est un nombre *impair* c (478, 1°), ce qui justifie le 2° ci-dessus.

De là suit donc : que si l'on ne trouvait pas un *reste* tel qu'il est dit au 1° et au 2° ci-dessus, il y aurait *certitude* absolue que l'*opération* est *fausse*. Mais cela ne veut pas dire qu'elle serait nécessairement *vraie*, si on le trouvait *tel* qu'il est dit, attendu que l'*opération* pourrait être *fausse* pour d'autres causes.

Cette proposition peut s'énoncer aussi de cette manière :

TOUTES LES FOIS qu'une expression à *plusieurs termes* a — b — c — d, etc. (la suite comme au n° précédent, sauf qu'ici le 1er *terme* a est seul un nombre *pair*), : sa *valeur* doit être comme il est dit au 1° et au 2° ci-dessus.

484. TOUTES LES FOIS qu'une expression à *plusieurs termes* à *signes* + et —, autant qu'on en voudra, soit *séparés* par *espèce de signes*, soit *mêlés*, et formée de nombres tous PAIRS ou tous IMPAIRS, a un SENS (1) : sa *valeur* doit être, savoir :

(1) Dans les 4 *propositions* précédentes, de 420 à 423, il y a sans doute des *termes* à *signe* + et des *termes* à *signe* —, puisque le 1er *terme* est toujours à

1° Sont-ils tous PAIRS ? Sa *valeur* DOIT être ZÉRO ou un nombre PAIR comme au n° 480.

2° Sont-ils tous IMPAIRS ? Sa *valeur* DOIT être celle dite au n° 481, si les nombres à *signe* + sont en nombre IMPAIR ; et au n° 483, s'ils sont en nombre PAIR.

DÉMONSTRATION. En effet : Puisque l'expression a un *sens*, parce que toutes les *soustractions* sont possibles à la *place même* où elles sont indiquées : on a le *droit*, s'ils ne sont pas *séparés* par espèce, de mettre à la *gauche* tous les *termes* à *signe* + pour les remplacer par leur *nombre-somme* a, qui est alors *suivi* de tous ceux à signe —.

Cela posé : dans le *cas* du 1°, ce *nombre-somme* a étant un nombre *pair* (470) *suivi* de plusieurs nombres à *signe* —, tous *pairs :* la SITUATION est *la même* qu'au n° 480, de sorte que la *valeur* de l'expression doit être *zéro* ou un nombre *pair*, ce qui justifie le 1° ci-dessus.

Dans le *cas* du 2° : ce *nombre-somme* a étant un nombre *impair* ou *pair* (471) *suivi* de plusieurs nombres à *signe* —, tous *impairs :* la SITUATION est *la même* qu'au n° 481 ou au n° 483, de sorte que la *valeur* de l'expression doit être celle qui est dite à ces n^{os}, où on peut la lire.

De là suit donc : que si on ne trouvait pas la *valeur* de l'expression, TELLE qu'il est dit au 1° et au 2° ci-dessus, il y aurait *certitude* absolue que l'*opération* est *fausse*, ce qui ne veut pas dire..... la suite comme au n° précédent.

Rappelons ici qu'à l'égard d'une expression comme celle dont il s'agit actuellement, il existe une foule d'*exemples* particuliers pour lesquels, sur le vu de l'expression elle-même, on juge de suite qu'elle a un *sens*.

Si elle était TELLE qu'on fût dans le *doute* sur ce point capital, on n'aurait pas le DROIT de *réunir* tous les nombres à *signe* + sur la *gauche*. Dans ce *cas*, après avoir *résumé* tous ceux à *signe* + qui se *suivent* par *un seul*, et tous ceux à *signe* — qui se *suivent* par *un seul*, ce qui donne une expression *équivalente* dont tous les *termes* sont *alternativement* à *signe* + et à *signe* — ; si on était encore dans le *doute* à l'égard de *celle-là*, il faudrait effectuer les *soustractions* dans l'ordre même où elles sont indiquées.

Si elles n'étaient pas toutes *possibles :* l'expression donnée serait un *non-sens*, et il n'y aurait pas lieu de s'occuper d'elle.

signe + ; mais c'est là le seul, tandis qu'ici, il y en a à *signe* + autant qu'on en voudra ; seulement les nombres sont tous *pairs* ou tous *impairs*.

Si elles étaient toutes *possibles :* la *valeur* de l'expression devrait être TELLE qu'il est dit au 1° et au 2° ci-dessus ; sinon il y aurait *certitude* absolue que l'*opération* est *fausse*, ce qui ne veut pas dire..., etc.

485. TOUTES LES FOIS qu'une expression à *plusieurs termes* à *signe* + et à *signe* —, TELLE qu'il est dit au n° précédent, sauf que les nombres sont maintenant PAIRS et IMPAIRS, a un SENS : COMMENT reconnaît-on qu'elle DOIT avoir pour *valeur* ZÉRO ou un nombre PAIR, ou bien un nombre IMPAIR ?

Avant de répondre à cette *question*, il importe de remarquer qu'ici les *signes* des 2 *espèces* + et —, et les nombres des 2 *espèces*, *pairs* et *impairs*, compliquent la *situation* à un tel point qu'il serait *diffus* de faire de la *valeur* de l'expression l'objet d'une *proposition* ou *affirmation* comme je l'ai fait pour les *précédentes*, tandis qu'il est plus *clair* et plus *bref* d'en faire l'objet d'une *question*, comme on pourrait le faire des *précédentes* elles-mêmes. Cela dit, voici la *Règle* qui répond à la *Question*.

RÈGLE. Il faut *compter* tous les nombres IMPAIRS, sans égard à leur *signe*.

1° Sont-ils en nombre PAIR ? La *valeur* de l'expression DOIT être ZÉRO ou un nombre PAIR.

2° Sont-ils en nombre IMPAIR ? Sa *valeur* DOIT être un nombre IMPAIR.

De là suit donc : que si l'on trouvait pour sa *valeur* un nombre *impair*, dans le *cas* du 1°, et *zéro* ou un nombre *pair*, dans le *cas* du 2°, il y aurait *certitude* absolue que l'*opération* est *fausse*, ce qui ne veut pas dire....., etc., la suite comme au n° précédent.

Comme on voit, la *règle* est des plus simples ; mais il ne suffit pas de l'*affirmer*, il faut aussi la *justifier* (1).

DÉMONSTRATION. En effet : Puisqu'on sait que l'expression donnée a un *sens :* si les termes à signe + et — n'y sont pas *séparés* par *espèces* de *signes*, on a le *droit* de le faire, en réunissant sur la *gauche* tous ceux à *signe* +, ce qui met tous ceux à *signe* — sur la *droite ;* et alors l'*exemple particulier* que l'on considère est nécessairement compris dans l'un des 4 *cas* suivants qui eu font 7 *en réalité*, puisque chacun des 3 *premiers* en contient 2 (2).

(1) On va voir que cette *règle* si simple à *énoncer* est des plus longues à *démontrer*.

(2) Il y en aurait 9, si, dans l'intérêt de la clarté des idées, je n'avais pas fait une *proposition* particulière (la précédente) pour le *cas* où les nombres sont tous *pairs* ou tous *impairs*.

1er CAS. Ou bien tous ceux à *signe* + sont des nombres *pairs*, et ceux à *signe* — sont : 1° des nombres *impairs ;* 2° des nombres *pairs* et *impairs* (1).

Ceux à *signe* + ont donc alors pour *somme* un nombre *pair* a [470].

Le 1° de ce *cas* a-t-il lieu ? On se trouve dans la situation du n° 483. La *valeur* de l'expression doit donc être *zéro* ou un nombre *pair*, si les nombres *impairs* à *signe* — sont en nombre *pair* (483, 1°).

Or, c'est bien là ce qui est *affirmé* au 1° de la *Règle* ci-dessus, puisque tous les nombres *impairs* sont en nombre *pair*.

Et elle doit être un nombre *impair*, s'ils sont en nombre impair (483, 2°).

Or c'est bien là ce qui est *affirmé* au 2° de la *Règle* ci-dessus.

Le 2° de ce *cas* a-t-il lieu ? La *somme* de tous les nombres *pairs* et *impairs* à *signe* — doit être un nombre *pair* ou *impair* [472].

Est-elle un nombre *pair*, parce que les nombres *impairs* sont en nombre *pair* (472, 1°) ? Ce nombre *pair* peut être *égal* à celui a ou être un nombre b *plus petit* que celui a, puisque l'expression a un *sens*.

L'expression donnée revient alors à celle a — a ou à celle a — b ; sa *valeur* doit donc être *zéro* ou un nombre *pair* [476].

Or, c'est bien là ce qui est *affirmé* au 2° de la *Règle* ci-dessus, puisque tous les nombres *impairs* sont en nombre *pair*.

Est-elle un nombre *impair* b, parce que les nombres *impairs* sont en nombre *impair* [472, 2°] ? Ce nombre *impair* b étant *plus petit* que le nombre *pair* a, puisque l'expression donnée a un *sens :* la valeur de a — b doit être un nombre *impair* [478, 1°].

Or, c'est bien là ce qui est *affirmé* au 2° de la *Règle* ci-dessus, puisque tous les nombres *impairs* sont en nombre *impair*.

2e CAS. Ou bien tous ceux à *signe* + sont des nombres *impairs*, et ceux à *signe* — sont : 1° des nombres *pairs*, 2° des nombres *pairs* et *impairs* (2).

Ceux à *signe* + ont donc alors pour *somme* un nombre a *pair* ou *impair* [471].

Leur *nombre-somme* a est-il *pair*, parce que tous les nombres *impairs* à *signe* + sont en nombre *pair* (471, 1°) ?

(1) Car lorsque les nombres à *signe* — sont tous *pairs* comme ceux à *signe* +, c'est la *proposition* n° 484.

(2) Car, lorsque les nombres à *signe* — sont tous *impairs* comme ceux à *signe* +, c'est la *proposition* du n° 484.

Si le 1° de ce 2ᵉ *cas* a lieu : on se trouve dans la *situation* du n° 480, et la *valeur* de l'expression donnée qui est alors celle de a — a ou de a — b est donc *zéro* ou un nombre *pair*.

Or, c'est bien là ce qui est *affirmé* au 1° de la *règle* ci-dessus, puisque les nombres à *signe* + sont les seuls *impairs*, et qu'ils sont supposés en nombre *pair*.

Si, au contraire, le 2° de ce 2ᵉ *cas* à lieu : la *somme* de tous les nombres *pairs* et *impairs* à *signe* — est un nombre *pair* ou *impair* [472].

Est-elle un nombre *pair* a ou b, parce que les nombres *impairs* à *signe* — sont en nombre *pair* (472, 1°) comme *ceux* à *signe* + ?

Dans ce *cas* où tous les nombres *impairs* à *signe* + et à *signe* — sont ensemble en nombre *pair* (468) : la *valeur* de l'expression donnée qui est alors celle de a — a ou de a — b est donc *zéro* ou un nombre *pair* [476].

Or, c'est bien là ce qui est *affirmé* au 1° de la *règle* ci-dessus.

Est-elle, au contraire, un nombre *impair* b, parce que tous les nombres *impairs* à *signe* — sont en nombre *impair* [472, 2°] ?

Dans ce *cas* où tous les nombres *impairs* à *signe* + et à *signe* — sont ensemble en nombre *impair* (469) : la *valeur* de l'expression onnée qui est alors celle de a — b est donc un nombre *impair* [478, 1°].

Or, c'est bien là ce qui est *affirmé* au 2° de la *règle* ci-dessus.

Leur *nombre-somme* a est-il, au contraire, un nombre *impair*, parce que tous les nombres *impairs* à *signe* + sont en nombre *impair* [471, 2°] ?

Si le 1° de ce 2ᵉ *cas* a lieu : on se trouve dans la *situation* du n° 482, et la *valeur* de l'expression donnée qui est alors celle de a — b, le nombre *pair* b étant *plus petit* que le nombre *impair* a, est donc alors un nombre *impair*.

Or, c'est bien là ce qui est *affirmé* au 2° de la *règle* ci-deseus, puisque les nombres à *signe* + sont les seuls *impairs*, et qu'ils sont supposés en nombre *impair*.

Si, au contraire, le 2° de ce 2ᵉ *cas* a lieu : la *somme* de tous les nombres *pairs* et *impairs* à *signe* — est un nombre *pair* ou *impair* [472].

Est-elle un nombre *pair* b, parce que les nombres *impairs* à *signe* — sont en nombre *pair* [472, 1°] ?

Dans ce cas où tous les nombres *impairs* à *signe* + et à *signe* — sont ensemble en nombre *impair* (469) : la *valeur* de l'expression donnée qui est celle de a — b est donc un nombre *impair* [478, 2°].

Or, c'est bien là ce qui est *affirmé* au 2° de la *règle* ci-dessus.

Est-elle, au contraire, un nombre *impair* a ou b, parce que les nombres *impairs* à *signe* — sont en nombre *impair* (468) comme les nombres *impairs* à *signe* + ? dans ce *cas* où tous les nombres *impairs* à *signe* + et à *signe* — sont ensemble en nombre *pair* (468) : la *valeur* de l'expression donnée qui est celle de a — a ou de a — b est donc *zéro* ou un nombre *pair* (477).

Or, c'est bien là ce qui est *affirmé* au 1° de la *règle* ci-dessus.

3ᵉ CAS. Ou bien ceux à *signe* + sont des nombres *pairs* et *impairs*, et ceux à *signe* — sont : 1° tous des nombres *pairs*, 2° tous des nombres *impairs*.

La *somme* de tous les nombres à *signe* + est donc alors un nombre *pair* ou *impair* a [472].

Leur *nombre-somme* a est-il *pair*, parce que les nombres *impairs* à *signe* + sont en nombre *pair* [472, 1°] ?

Si le 1° de ce 3ᵉ *cas* a lieu : on se trouve dans la *situation* du n° 480, et la *valeur* de l'expression donnée qui est alors celle de a — a ou de a — b est donc *zéro* ou un nombre *pair*.

Or, c'est bien là ce qui est *affirmé* au 1° de la *règle* ci-dessus.

Si, au contraire, le 2° de ce 3ᵉ *cas* a lieu : on se trouve dans la *situation* du n° 483

Alors : si les nombres *impairs* à *signe* — sont en nombre *pair* comme les nombres *impairs* à *signe* +, auquel *cas* tous les nombres *impairs* à *signe* + et à *signe* — sont ensemble en nombre *pair* : la *valeur* de l'expression donnée qui est celle de a — a ou de a — b doit être *zero* ou un nombre *pair* (483, 1°).

Or, c'est bien là ce qui est *affirmé* au 1° de la *règle* ci-dessus.

Si, au contraire, les nombres *impairs* à *signe* — sont en nombre *impair*, auquel *cas* tous les nombres *impairs* à *signe* + et à *signe* — sont ensemble en nombre *impair* (469) : la *valeur* de l'expression donnée, qui est alors celle de a — b, doit être un nombre *impair* (483, 2°).

Or, c'est bien là ce qui est *affirmé* au 2° de la *règle* ci-dessus.

Leur nombre-*somme* a est-il, au contraire, un nombre *impair*, parce que les nombres *impairs* à *signe* + sont en nombre *impair* (472, 2°) ?

Si le 1° de ce 3ᵉ *cas* a lieu : on se trouve dans la *situation* du n° 482, et la *valeur* de l'expression donnée, qui est alors celle de a — b, doit donc être un nombre *impair*.

Or, c'est bien là ce qui est *affirmé* au 2° de la *règle* ci-dessus, puisque les nombres à *signe* + sont les seuls *impairs*, et qu'ils sont supposés en nombre *impair*.

Si le 2° de ce 3e *cas* a lieu : on se trouve dans la *situation* du n° 481.

Alors : si tous les nombres *impairs* à *signe* — sont en nombre *pair*, auquel *cas* tous les nombres *impairs* à signe + et à *signe* — sont ensemble en nombre *impair* (469) : la *valeur* de l'expression donnée, qui est alors celle de a — b, doit être un nombre *impair* (481, 1°).

Or, c'est bien là ce qui est *affirmé* au 2° de la *règle* ci-dessus.

Si, au contraire, tous les nombres *impairs* à *signe* — sont en nombre *impair* comme *ceux* à *signe* +, auquel *cas* tous les nombres *impairs* à *signe* + et à *signe* — sont ensemble en nombre *pair* (468) : la *valeur* de l'expression donnée qui est celle de a — a ou de a — b doit être *zéro* ou un nombre *pair* (481, 2°).

Or, c'est bien là ce qui est *affirmé* au 1° de la *règle* ci-dessus.

4e CAS. Ou bien tous ceux à *signe* + sont des nombres *pairs* et *impairs*, et tous ceux à *signe* — aussi.

Tous les nombres *impairs* à *signe* + et à *signe* — ensemble sont-ils en nombre *pair?*

Si ceux à *signe* + sont en nombre *pair*, ceux à *signe* — le sont aussi (468).

Alors : la *somme* de tous les nombres *pairs* et *impairs* à *signe* + est un nombre *pair* a (472, 1°).

Et par la même raison : la *somme* de tous les nombres *pairs* et *impairs* à *signe* — est ce même nombre *pair* a, ou un nombre *pair* b *plus petit* que a, puisque l'expression donnée a un *sens*.

L'expression donnée a donc pour *valeur* a — a ou a — b, c'est-à-dire *zéro* ou un nombre *pair* (476).

Or, c'est bien là ce qui est *affirmé* au 1° de la *règle* ci-dessus, puisque tous les nombres *impairs* sont en nombre *pair*.

Si, au contraire, ceux à *signe* + sont en nombre *impair*, ceux à *signe* — le sont aussi (468).

Alors : la *somme* de tous les nombres *pairs* et *impairs* à *signe* + est un nombre *impair* a (472, 2°).

Et par la même raison : la *somme* de tous les nombres *pairs* et *impairs* à *signe* — est ce même nombre *impair* a ou un nombre *impair* b *plus petit* que a, puisque l'expression donnée a un *sens*.

L'expression donnée a donc alors encore pour *valeur* a — a ou a — b, c'est-à-dire *zéro* ou un nombre *pair* (477).

Or, c'est bien là ce qui est *affirmé* au 1° de la *règle* ci-dessus, puisque tous les nombres *impairs* sont en nombre *pair*.

Tous les nombres *impairs* à *signe* + et à *signe* — ensemble sont-ils en nombre *impair?*

Si ceux à *signe* + sont en nombre *pair*, ceux à *signe* — sont en nombre *impair* (469).

Alors : la *somme* de tous les nombres *pairs* et *impairs* à *signe* + est un nombre *pair* a (472, 1°).

Et la *somme* de tous les nombres *pairs* et *impairs* à *signe* — est un nombre *impair* b (472, 2°), lequel est *plus petit* que celui a, puisque l'expression donnée a un *sens*.

L'expression donnée a donc alors pour *valeur* a — b, c'est-à-dire un nombre *impair* (478, 1°).

Or, c'est bien là ce qui est *affirmé* au 2° de la *règle* ci-dessus, puisque tous les nombres *impairs* sont en nombre *impair*.

Si, au contraire, ceux à *signe* + sont en nombre *impair*, ceux à *signe* — sont en nombre *pair* (469).

Alors : la *somme* de tous les nombres *pairs* et *impairs* à *signe* + est un nombre *impair* a (472, 2°).

Et la *somme* de tous les nombres *pairs* et *impairs* à *signe* — est un nombre *pair* b (472, 1°), lequel est *plus petit* que celui a, puisque l'expression donnée a un *sens*.

L'expression donnée a donc alors encore pour *valeur* a — b, c'est-à-dire un nombre *impair* (478, 2°).

Or, c'est bien là ce qui est *affirmé* au 2° de la *règle* ci-dessus, puisque tous les nombres *impairs* sont en nombre *impair*.

La *règle* ci-dessus est donc complètement justifiée.

QUARANTE-CINQUIÈME LEÇON.

PROPRIÉTÉS DES NOMBRES PAIRS ET IMPAIRS, QUANT A LA MULTIPLICATION.

SOMMAIRE. — Le *produit* de 2 nombres ou *facteurs*, dont l'un est celui 2, quel que soit l'autre n, DOIT toujours être un nombre PAIR. — Le *produit* de 2 nombres ou *facteurs* a et b, dont l'un est PAIR, quel que soit l'autre, DOIT toujours être un nombre PAIR. — Le *produit* d'autant de nombres ou *facteurs* qu'on en voudra, a, b, c, etc., dont l'un est un nombre PAIR, quels que soient les autres, DOIT toujours être un nombre PAIR. — Le *produit* d'autant de nombres ou *facteurs consécutifs* qu'on en voudra DOIT toujours être un nombre PAIR. — Le *produit* de 2 nombres ou *facteurs* IMPAIRS DOIT toujours être un nombre IMPAIR. — Le *produit* d'autant de nombres ou *facteurs* qu'on en voudra, tous IMPAIRS, DOIT toujours être un nombre IMPAIR. — Tout nombre n qui est un *multiple* de 2 est un nombre PAIR. — La RÉCIPROQUE n'est pas *vraie*, c'est-à-dire que tout nombre PAIR n'est pas un *multiple* de 2 — Tout nombre PAIR n, plus grand que celui 2, est un *multiple* du nombre PAIR 2 — REMARQUE sur la *multiplication*. — CAS SINGULIER d'une *multiplication* dont le *produit* total est VRAI, bien qu'il y ait des *produits partiels* FAUX. — CARACTÈRES auxquels on reconnaît qu'un nombre est PAIR ou IMPAIR, selon que son expression en *chiffres* a pour BASE un nombre PAIR ou pour BASE un nombre IMPAIR. — Dans notre SYSTÈME de *numération chiffrée*, dont la BASE est le nombre PAIR *dix*, à quel CARACTÈRE reconnaît-on qu'un nombre donné par son expression *vulgaire* en *chiffres* est PAIR ou IMPAIR?

486. Le *produit* de 2 nombres ou facteurs, dont l'un est le nombre PAIR 2, quel que soit l'autre n, PAIR OU IMPAIR, DOIT toujours être un nombre PAIR.

Cela résulte immédiatement de la *définition* des nombres *pairs*. Car, qu'est-ce que le *produit* de 2 nombres, dont l'un est 2 et l'autre n? C'est le nombre exprimé par $n \cdot 2$ ou par $2 \cdot n$

Mais, en vertu du *principe* de l'*intervertissement* des *facteurs*, le nombre exprimé par $n \cdot 2$ est *le même* que celui exprimé par $2 \cdot n$; or $2 \cdot n$ ou $n + n$ est un nombre *pair*.

487. Le *produit* de 2 nombres ou *facteurs* a et b *plus grands* que 1, et dont l'un est un nombre PAIR, quel que soit l'autre PAIR OU IMPAIR, DOIT toujours être un nombre PAIR.

Cela revient à dire, en d'autres mots, qu'aucun nombre IMPAIR n'est multiple d'un nombre PAIR.

DÉMONSTRATION. En effet : est-ce le nombre b qui est *pair?* Alors $a \cdot b$, c'est $b + b + b +$, etc., c'est-à-dire *autant* de *fois* b qu'il y a de nombres 1 dans le nombre a; le *produit* a • b est donc la *somme* de plusieurs nombres *pairs* égaux ou identiques; or la *somme* de plusieurs nombres *pairs*, quels qu'ils soient, est toujours un nombre *pair* (470).

Est-ce le nombre a qui est *pair*, dans a • b? Comme a • b = b • a, et que le *produit* b • a est *pair*, comme nous venons de le voir, le *produit* a • b est donc *pair* aussi.

J'ai dit les 2 nombres a et b, *plus grands* que 1, parce que si l'un d'eux était 1, la chose est évidente. Car si dans a • b, b est 1, a • 1 = a, c'est-à-dire un nombre *pair*, puisque a est supposé *pair*.

Et si a est 1 : 1 • b = b, c'est-à-dire un nombre PAIR, puisque b est supposé PAIR.

Même chose pour le *produit* a • a, lorsque le nombre a est *pair*.

488. Le *produit* d'autant de nombres ou *facteurs* qu'on en voudra, a, b, c, d,...... dont l'un est un nombre PAIR, quels que soient les autres, DOIT toujours être un nombre PAIR.

Cela revient à dire que le *produit* a • b • c • d est PAIR, si l'un de ses *facteurs* est PAIR.

DÉMONSTRATION. En effet : est-ce le *facteur* c qui est *pair?* On peut le mettre a la *gauche*, puisque a • b • c • d = c • a • b • d, en vertu du *principe* de l'*intervertissement*.

Or le *produit* a • b • d est un certain nombre h; donc a • b • c • d = c • h

Mais le *produit* c • h est un nombre *pair*, puisque le *facteur* c est *pair* (487). Donc le *produit* a • b • c • d, qui est *égal* à celui c • h, est aussi un nombre *pair*.

489. Le *produit* d'autant de nombres ou *facteurs consécutifs* qu'on en voudra DOIT toujours être un nombre PAIR.

Cela est évident, puisque 2 nombres *consécutifs* suffisent pour que l'un d'eux soit *pair* [457]; un *tel produit* DOIT donc toujours être un nombre *pair* (488).

490. Le *produit* de 2 nombres ou *facteurs* IMPAIRS, a et b, DOIT toujours être un nombre IMPAIR.

Ou, ce qui est dire...... etc.

Le nombre exprimé par a • b, les 2 nombres a et b étant IMPAIRS, DOIT toujours être un nombre IMPAIR.

Cela résulte de la *proposition* 471, 2°; car a • b = b + b + b. etc., c'est-à-dire autant de fois le nombre *impair* b qu'il y a de nombres 1 dans le nombre *impair* a

Le nombre a • b est donc le même que la *somme* de plusieurs nombres *impairs* identiques, lesquels sont en nombre *impair;* or cette *somme* est un nombre *impair*, peu importe que les nombres *impairs* soient *identiques* ou *non*.

Même chose, pour le produit a • a, lorsque le nombre a est *impair*.

491. Le *produit* d'autant de nombres ou *facteurs* qu'on en voudra, a, b, c, etc., tous IMPAIRS;

Ou ce qui est dire...... etc.

Le nombre exprimé par a • b • c • d, tous ces *facteurs* étant des nombres IMPAIRS, DOIT toujours être un nombre IMPAIR.

Cela résulte du n° précédent. Car le *produit* c • d étant un nombre *impair* : ce *produit* multipliplié par un nombre *impair* b est aussi un nombre *impair*, et ainsi de suite.

492. TOUT nombre n qui est un *multiple* de 2 est un nombre PAIR.

C'est la *proposition* (486), en d'autres mots. Car, puisque le nombre n = h • 2, h étant *plus grand* que 1, du moment qu'il s'agit d'un *multiple* de 2 : ce nombre n est donc le *produit* de 2 *facteurs*, dont l'un est un nombre *pair*, il est donc lui-même un nombre *pair*.

493. La *réciproque* n'est pas *vraie;* c'est-à-dire que TOUT nombre PAIR n'est pas un *multiple* de 2. Cela est évident, puisque le nombre 2 qui est *pair* n'est pas un *multiple* de 2

494. TOUT nombre PAIR n, *plus grand* que celui 2, est un *multiple* du nombre *pair* 2

Cela va devenir évident. Car, puisque ce nombre *pair* n est *plus grand* que celui 2, il existe un certain nombre k *plus grand* que 1, *tel* que n = k + k = 2 • k = k • 2

Et puisque ce nombre n = k • 2, et que ce nombre k est *plus grand* que 1, il est clair que ce nombre n est un *multiple* de 2

On peut dire aussi : puisque le nombre *pair* dont il s'agit est *plus grand* que celui 2, il est compris dans la formule 2 • n + 2 [463]; or 2 • n + 2 = n + 1 + n + 1 = 2 • (n + 1) = (n + 1) • 2

Mais n + 1 est 2 au *moins;* donc le nombre *pair* dont il s'agit est un *multiple* de celui 2

495. Il n'y a pas d'autres *propositions* relatives à la *multiplication;* et il résulte d'elles que si l'on *trouvait* pour le *produit* un nombre *impair*, alors qu'il doit être *pair;* ou bien un nombre *pair*, alors qu'il doit être *impair*, il y aurait *certitude absolue* que l'*opération* est FAUSSE.

Mais cela ne veut pas dire qu'elle serait nécessairement *vraie*, si le *produit* était un nombre de l'*espèce voulue*, car la chose peut

ÊTRE OU NE PAS ÊTRE, l'*opération* pouvant être **FAUSSE** pour d'autres causes.

496. **REMARQUE** sur la *multiplication*. — Dans la *multiplication*, l'*erreur*, quant à l'*espèce* du nombre *trouvé* pour le *produit*, n'est pas possible de la part d'un *arithméticien* exercé. Pourquoi cela? Parce que, dans notre *système* de *numération chiffrée*, c'est le chiffre de *droite* du *produit* qui *détermine* l'*espèce* du nombre total. Or, le chiffre de *droite* du *produit* dépendant du 1er chiffre de *droite* du *multiplicande* et du *multiplicateur*, et étant *trouvé* dès le *début* de l'*opération* où l'esprit n'est pas fatigué, est toujours le chiffre *vrai*, c'est-à-dire non-seulement celui de l'*espèce voulue*, mais aussi le chiffre *voulu* de *cette espèce*.

Dans une *multiplication*, quelque considérable qu'elle soit, le **DOUTE** ne peut donc *exister* que pour les autres *chiffres* du *produit*. Pour *amoindrir* le *doute* : si l'on a trouvé $a \cdot b = c$, il faut *diviser* le nombre *produit* c **PAR** l'un des 2 *facteurs* de la *multiplication*, **PAR** celui a, par exemple.

Si la *division* se fait exactement, et donne pour *quotient* b *fois*, il y aura *presque certitude* que le *produit* c est le *vrai* (1), puisque, *s'il est vrai* que $c = b \cdot a$, $c = a \cdot b$, en vertu du *principe* de l'*intervertissement*.

Si on veut augmenter la *presque certitude*, il faut *diviser* le *produit* c **PAR** l'autre *facteur* b

Si cette *division* se fait aussi exactement, et donne pour *quotient* a *fois*; de sorte qu'on *retrouve* $c = a \cdot b$, il y a alors *certitude morale* que le *produit total* est exact ou *vrai*; *certitude* qui est suffisante, puisque la *certitude absolue*, ou *logique*, ai-je dit, n'*existe* que pour l'*espèce* du *chiffre* de *droite*, et non pour des *opérations* qui ont la mémoire pour appui.

Remarquez d'ailleurs, que puisque l'*erreur*, quant à l'*espèce* du nombre trouvé pour le *produit*, n'est possible que pour des enfants, il n'y a pas *possibilité*, dans la *multiplication*, de trouver **EN DÉFAUT**, quant à l'*espèce*, un *arithméticien* exercé, bien qu'il ne connaisse pas le *grand principe* de l'*espèce*, puisqu'il trouve toujours le chiffre de *droite* **VRAI**; mais nous verrons qu'on peut le trouver **EN DÉFAUT**, dans la *division*.

497. **CAS SINGULIER** d'une *multiplication*, dont le *produit* total est

(1) On va voir au numéro suivant *pourquoi* je dis le *produit* et non l'*opération*, c'est-à-dire la *multiplication*.

vrai, bien qu'il y ait des *produits partiels* FAUX. — Dans l'intérêt de la clarté des idées, il est utile d'avertir le *lecteur* que ce *cas* singulier peut se présenter, et voici la raison de ce fait *paradoxal.*

L'*opération* de la *multiplication* consiste à trouver d'abord tous les *produits partiels*, dont on fait ensuite la *somme* qui est le *produit total.* Or, il peut *arriver* qu'en cherchant ces *produits partiels*, il se soit glissé des *erreurs* identiques, mais *contradictoires*, en *plus* et en *moins*, qui se *détruisent;* de sorte que le *résultat* ou *produit* de la *multiplication* n'en est pas *altéré.*

Supposons, par exemple, qu'un *calculateur* peu exercé, par distraction ou par fatigue, ayant à *multiplier* le nombre 86 par celui 94, opération dont voici le *dispositif vrai* :

```
  86
  94
----
 344
774
----
8084
```

ait raisonné de manière à obtenir cet autre *dispositif* :

```
  86
  94
----
 434
765
----
8084
```

en disant : 4 *fois* 6 font 24, je *pose* 4 et je retiens 2; 4 *fois* 8 font 32 et 2 font 34, je *pose* 3 et j'avance 4 (ce qui est l'*inverse*), et donne lieu à une *erreur* de 9 *dizaines* de *plus.*

Puis : 6 *fois* 9 font 54, je *pose* 5 et je retiens 4 (ce qui est aussi l'*inverse*), et donne lieu à une *erreur* de 9 *dizaines* de *moins;*

Puis enfin : 9 *fois* 8 font 72 et 4 font 76, je *pose* 6 et j'avance 7

Vous voyez que les 2 *produits partiels* seraient *faux*, et cependant le *produit total* serait *vrai.*

Sans doute ce *fait* bizarre doit être fort rare, mais enfin il n'est pas impossible, et l'on ne s'en appercevrait pas en *divisant* 8084 PAR 86, puisqu'on trouverait pour *quotient* 94 *fois.* On s'en appercevrait probablement, au contraire, si l'on recommençait la *multiplication.*

L'ADDITION ne peut présenter ce *cas singulier.* Pourquoi cela? Parce que les nombres que l'on *ajoute* ensemble étant *donnés* et non *trouvés*, les *erreurs contradictoires* en *plus* et en *moins*, si elles ont existé dans l'esprit, ne sont *constatées* nulle part, puisque le *résultat* ou nombre trouvé pour la *somme* n'en est pas *altéré*. Aussi s'exprime-t-on bien, en disant que l'*opération*, c'est-à-dire l'*addition*, est exacte ou *vraie*.

Ici, au contraire, l'*erreur* existe dans les 2 *produits partiels ;* aussi s'exprimerait-on fort mal, en disant qu'il y a *certitude morale* que l'*opération*, c'est-à-dire la *multiplication*, est exacte ou *vraie*, car il faut dire que c'est le *produit total* qui est exact ou *vrai*.

498. Les nombres *pairs* et *impairs*, plus grands que celui qui sert de BASE au SYSTÈME de la *numération chiffrée*, dans lequel ils sont exprimés, *se reconnaissent* à des CARACTÈRES *différents*, selon que la BASE du SYSTÈME est un nombre PAIR ou un nombre IMPAIR (1).

Mais ces CARACTÈRES sont *les mêmes* pour tout SYSTÈME dont la BASE est un nombre PAIR, et *les mêmes* pour tout SYSTÈME dont la BASE est un nombre IMPAIR.

Nous savons que les nombres sont *pairs* et *impairs*, par eux-mêmes, c'est-à-dire indépendamment du *système* de la *numération chiffrée*, dans lequel ils sont exprimés, puisqu'ils sont alternativement *impairs* et *pairs*, dans l'ordre croissant par 1 [456]. Aussi toutes les *propositions* que j'ai *démontrées*, soit dans la LEÇON précédente, soit dans *celle-ci*, et celles qui sont encore à *démontrer*, relativement à la *division* PAR et à la *division* EN, pour ce qui concerne les *propriétés* des nombres *pairs* et *impairs*, sont VRAIES, quel que soit le SYSTÈME de *numération chiffrée* qu'on adopte pour exprimer tous les nombres. C'est là une *vérité* éclatante, puisque les *démonstrations* que j'ai données, étant *indépendantes* de *tout système*, s'appliquent nécessairement à *tel système* de *numération chiffrée* que ce soit.

Mais les *nombres*, eux, ne sont pas sous nos yeux, ce sont leurs *expressions* en *chiffres ;* or les nombres *pairs* ou *impairs* qui *se plaçent* sous ces expressions *se reconnaissent* à des *caractères différents*, SELON que le SYSTÈME, dans lequel ils sont exprimés, a pour

(1) On dit que le nombre *dix* est la BASE de notre SYSTÈME de *numération chiffrée*, parce qu'on *convient* que chaque chiffre *significatif* exprime un nombre de *dix* en *dix fois* plus grand, à partir du 2e rang, de *droite* à *gauche*. Ainsi, les nombres exprimés par :

	10	100	1,000	10,000	100,000	1,000,000..., etc.
ont pour noms	*dix*	*cent*	*mille*	*dix mille*	*cent mille*	*million*..., etc.

parce que 1 au 2e *rang* vaut 10·1 ou *dix ;* au 3e *rang*, 10·10 ou *cent ;* au 4e *rang*, 10·100 ou *mille*, et ainsi de suite.

BASE un nombre *pair*, comme dans notre SYSTÈME qui a pour BASE le nombre *pair* dix, 10, ou 5 + 5, ou selon qu'il aurait pour BASE un nombre *impair*, comme celui *onze*, par exemple, qui est *impair*; puisqu'il vient après celui *dix* qui est *pair*.

Les *caractères* propres à *reconnaître* les nombres *pairs* et les nombres *impairs*, dans chacun de ces 2 SYSTÈMES, sont formulés dans les 2 *principes* suivants :

PRINCIPE pour les SYSTÈMES dont la BASE est un nombre *pair* :

TOUT NOMBRE exprimé, dans un *tel système*, par *plusieurs chiffres*, est reconnu nombre *pair* : TOUTES LES FOIS que le 1er chiffre de *droite* est celui 0 ou un chiffre *pair*.

Il est, au contraire, reconnu nombre *impair* : TOUTES LES FOIS que le 1er chiffre de *droite* est un chiffre *impair*.

Peu importe, dans l'un et l'autre *cas*, que les autres chiffres, avec ou sans *zéros*, soient tous des chiffres *pairs*, tous des chiffres *impairs*, ou bien *mêlés* de chiffres *pairs* et *impairs*.

Quand la BASE est un nombre *pair* : c'est donc, dans le chiffre de *droite* SEUL, que RÉSIDE alors le CARACTÈRE propre à *distinguer* les nombres *pairs* et les nombres *impairs ;* et cela tient à ce que, dans *ce système*, les chiffres *impairs*, autres que le 1er de *droite*, expriment un nombre *pair* comme les chiffres *pairs* eux-mêmes, en vertu de la CONVENTION relative à la BASE PAIRE et des *propositions* 470 et 487, chose que je vais prouver aux 2 nos suivants, quant à notre *système*, dont la BASE est 10

PRINCIPE pour tous les SYSTÈMES dont la BASE est un nombre *impair :*

TOUT NOMBRE exprimé, dans un *tel système*, par *plusieurs chiffres*, est reconnu nombre *pair* : TOUTES LES FOIS que tous les chiffres sont des chiffres *pairs* avec ou sans *zéros ;* et aussi TOUTES LES FOIS que les chiffres *impairs* qui y *figurent*, avec ou sans chiffres *pairs*, de même qu'avec ou sans *zéros*, sont en nombre *pair*.

Il est, au contraire, reconnu nombre *impair* : TOUTES LES FOIS que les chiffres *impairs* y sont en nombre *impair*.

Quand la BASE est un nombre *impair* : s'il y a des chiffres *impairs* dans l'expression, c'est donc dans LEUR NOMBRE que *réside* alors le *caractère* propre à *distinguer* les nombres *pairs* et les nombres *impairs* : les chiffres *pairs* et les *zéros*, s'il y en a, n'y sont pour rien; et cela tient à ce que, dans *ce système*, tout chiffre *pair*, à quelque *rang* qu'il se trouve, exprime un nombre *pair*, en vertu des *propositions* 470 et 487, tandis que tout chiffre *impair*, à quelque *rang* qu'il se trouve, exprime un nombre *impair*, en vertu de la *convention* relative à la *base impaire* et des *propositions* 471, 2° et 490

Comme vous voyez, ces 2 *principes*, pour une BASE à nombre *pair* et pour une *base* à nombre *impair*, sont faciles à retenir, et ils sont la conséquence de ce qui a été exposé précédemment. Mais, il ne suffit pas d'*affirmer* le *principe*, pour une BASE à nombre *pair*, il faut le justifier amplement, surtout en ce qui concerne notre *système*, dont la BASE est le nombre *pair* DIX, *système* qui est aussi celui de tous les peuples de l'EUROPE et de l'AMÉRIQUE.

Quant aux autres *systèmes* dont la BASE serait aussi un nombre *pair*, autre que celui DIX, et à *ceux* dont la BASE serait un nombre *impair* : comme aucun d'eux n'est *en pratique* nulle part, que ce sont là des *systèmes* de *fantaisie*, ils appartiennent à l'*arithmétique* purement curieuse, dont je n'ai pas à m'occuper.

499. Dans notre SYSTÈME de *numération chiffrée* : à quoi reconnaît-on qu'un nombre dont on a sous les yeux l'expression *vulgaire* en *chiffres* est PAIR OU IMPAIR ?

RÉPONSE. Il faut *distinguer* s'il s'agit d'un nombre de 1 à 10 ou d'un nombre *plus grand* que celui 10

S'agit-il d'un nombre de 1 à 10 ? Nous savons, en *fait*, d'une part : que sur les 9 chiffres *significatifs*, les 4 chiffres 2, 4, 6, 8 expriment des nombres *pairs*, et sont dits à cause de cela chiffres *pairs*.

Et d'autre part : que les 5 chiffres 1, 3, 5, 7, 9 expriment des nombres *impairs*, et sont dits à cause de cela chiffres *impairs*.

Quant au chiffre 0, *zéro* ou *rien* : il n'est donc ni *pair* ni *impair*, c'est le chiffre *neutre*.

Ce sont là des *faits* de mémoire, résultant de la *définition* des nombres *pairs* et *impairs*. D'ailleurs, chacun voit de suite que $2 = 1 + 1$, que $4 = 2 + 2$, que $6 = 3 + 3$, que $8 = 4 + 4$;

Et comme $10 = 5 + 5$ ou $2 \cdot 5$: 10 est donc le *plus petit* nombre de 2 *chiffres* qui soit *pair*.

Quant aux chiffres 1, 3, 5, 7, 9 : ils expriment des nombres *impairs*, puisque les nombres 3, 5, 7, 9 sont *intermédiaires* entre 2 nombres *pairs* consécutifs.

Mais si nous connaissons ainsi *ceux* des nombres, de 1 à 10, qui sont *pairs* et *ceux* qui sont *impairs*, parce que nous savons, en *fait*, que les *premiers* sont, et que les *seconds* ne sont pas la *somme* de 2 nombre *égaux* ou *identiques* : il est évident qu'à l'égard d'un nombre quelconque, *donné* par son expression *vulgaire* en *chiffres*, nous ne saurions nous astreindre à *vérifier*, en *fait*, s'il *est* ou n'*est pas* la *somme* de 2 nombres *égaux* ou *identiques*. Sans doute, on pourrait le faire en examinant si ce nombre A ou N'A PAS la *propriété* de se *diviser* EN 2 parties égales ou 2 nombres *égaux*; mais cette *opération*, pour chaque nombre, serait un travail fastidieux et de plus *susceptible d'erreur*, tandis qu'on juge avec une *certitude absolue* si un nombre *donné*, plus grand que celui 10, est *pair* ou *impair*, sur le seul vu de son expression, ainsi que je l'ai *affirmé* par le 1er *principe* du n° précédent et que j'énonce de nouveau, afin de le *démontrer*.

TOUT nombre *plus grand* que celui 10, et exprimé par conséquent par *plusieurs* chiffres, est reconnu *pair*, dans les 2 *cas* suivants :

1er CAS. TOUTES LES FOIS que le 1er chiffre de *droite* est celui 0, *zéro*.

2e CAS. TOUTES LES FOIS que le 1er chiffre de *droite* est l'un des 4 chiffres *pairs* : 2, 4, 6, 8

Il est, au contraire, reconnu *impair* : TOUTES LES FOIS que le chiffe de *droite* est l'un des 5 chiffres *impairs* : 1, 3, 5, 7, 9

DÉMONSTRATION du 1er *cas*. En effet : en vertu de la *convention* que tout chiffre *pair* ou *impair* placé au 2e *rang*, de *droite* à *gauche*, a une *valeur* 10 *fois* plus grande que s'il était *seul* ou à la *droite* de l'expression; 10 • 10 • ou 100 *fois* plus grande, s'il est au 3e *rang*; 10 • 100 • ou 1000 *fois* plus grande, s'il est au 4e *rang*; et ainsi de suite :

1° Tous les nombres ainsi exprimés :

100, 1000, 10000,...... etc., indéfiniment sont des nombres *pairs*.

La raison en est, que 100 = 10 • 10; que 1000 = 10 • 100; que 10000 = 10 • 1000;....... etc.

Les nombres dont il s'agit sont donc le *produit* de 2 *facteurs*, tous 2 *pairs*; ce sont donc des nombres *pairs*, puisque un seul facteur *pair* suffirait (487).

2° De même : tous les nombres ainsi exprimés, et où il n'y a qu'un seul chiffre *pair* ou *impair*, le chiffre 0 étant *neutre* :

20,	30,	40,	....	90	(A)
200,	3000,	40000,	....	9000000	(B)

sont *pairs* pour la même raison :

Ceux (A) : parce qu'ils sont le *produit* de 2 *facteurs*, dont l'un au moins est un nombre *pair*, puisque c'est celui 10 ; car 20 = 10 • 2, 30 = 10 • 3, ... 90 = 10 • 9

Ceux (B) : parce qu'ils sont aussi le *produit* de 2 *facteurs*, dont l'un est celui 10 ; ou bien dont l'un est 100, 1000, etc., qui sont aussi des nombres *pairs*, en vertu du 1° ; car 200 = 100 • 2 ; 3000 = 1000 • 3 ; 9000000 = 1000000 • 9

3° De même encore : *tout* nombre dont l'expression est formée de plusieurs chiffres, tous *pairs*, ou tous *impairs*, ou *pairs* et *impairs*, et dont le 1er chiffre de *droite* est un *zéro*, peu importe qu'il y en ait d'autres, est un nombre *pair*, puisqu'il est le *produit* de 2 *facteurs*, dont l'un est celui 10, quand il n'y a qu'un seul *zéro* sur la *droite*, ou bien 10, 100, 1000..... etc., quand il y en a plusieurs.

Par exemple : les nombres ainsi exprimés :

1030, 50300, 1357000 (C)

bien que les chiffres, autres que le chiffre *neutre* 0, y soient tous *impairs*, n'en sont pas moins des nombres *pairs*, puisque 1030 = 10 • 103 ; 50300 = 10 • 5030 ou 100 • 503 ; que 1357000 = 10 • 135700 ou 1000 • 1357

On peut dire aussi que les nombres (C) sont *pairs*, parce qu'ils sont la *somme* de plusieurs nombres *pairs* [470].

Ainsi 1030 = 1000 + 30 ; 50300 = 50000 + 300 ; 1357000 = 1000000 + 300000 + 50000 + 7000

Comme vous voyez : chaque chiffre *impair* exprime un nombre *pair* en vertu de la *convention*, parce qu'il n'est pas le 1er chiffre de *droite*. C'est là ce que j'avais *affirmé* au n° 498, 1er *principe*.

Démonstration du 2e cas. En effet : dans ce *cas*, le nombre que l'on considère eût-il tous les chiffres *impairs*, à l'exception du 1er de *droite*, est toujours la *somme* de plusieurs nombres *pairs*, de 2 nombres *pairs* au moins, et il rentre par conséquent dans le 3e du 1er *cas*.

Ainsi, tous les nombres suivants, par exemple, sont *pairs* :

34, 1052, 30504, 15376

puisque 34 = 30 + 4 ; 1052 = 1050 + 2 ; 30504 = 30500 + 4 ; 15376 = 15370 + 6

Les 2 *cas* pour les nombres *pairs* sont donc justifiés.

Quant aux nombres *impairs* :

On les reconnaît de suite au chiffre *impair* de *droite*, parce qu'ils sont tous la *somme* de 2 nombres, dont l'un est *pair* et l'autre *impair* (469).

Ainsi, tous les suivants sont *impairs* :

21, 203; 40607, 46289

bien que le 1er chiffre de *droite* seul soit *impair*, tous les autres chiffres étant *pairs*, puisque celui 0 est *neutre*.

Il en est de même de ceux-ci :

31, 503, 50709, 13579

dont tous les chiffres sont *impairs*.

Et aussi de ceux--ci :

341, 30407, 254637

dont les chiffres, *autres* que le chiffre *impair* de *droite*, sont *pairs* et *impairs*.

On voit, en effet, par exemple, que $40607 = 40600 + 7$; que $50709 = 50700 + 9$; que $254637 = 254630 + 7$

Et, ainsi des autres.

La *proposition* entière est donc justifiée.

QUARANTE-SIXIÈME LEÇON.

PROPRIÉTÉS DES NOMBRES PAIRS ET IMPAIRS, QUANT AU RÉSULTAT D'UNE DIVISION PAR ET D'UNE DIVISION EN.

SOMMAIRE. — Chacune des 2 *sortes* de *divisions* présente 4 CAS — *Aucun* nombre *impair* ne peut se diviser exactement PAR un nombre *pair*. Une *telle division* laisse toujours un *reste* qui est un nombre *impair :* le *quotient* pouvant être *pair* ou *impair* — Conséquence — La *division* d'un nombre *pair* n PAR un nombre *impair* k, *plus petit* que lui, se fait exactement ou non exactement, ce qui dépend des 2 nombres en jeu comme *dividende* et *diviseur* PAR. Si elle se fait exactement, le *quotient* doit toujours être un nombre *pair*. Si elle ne se fait pas exactement, le *quotient* et le *reste* doivent toujours être de *même espèce* — Conséquence — La *division* d'un nombre *pair* PAR un nombre *pair* se fait exactement ou non exactement. Si elle se fait exactement, le *quotient* peut être *pair* ou *impair*. S'il y a un *reste*, le *quotient* peut être *pair* ou *impair*, mais le *reste* doit toujours être un nombre *pair* — Conséquence — La *division* d'un nombre *impair* PAR un nombre *impair* se fait exactement ou non exactement. Si elle se fait exactement, le *quotient* doit toujours être un nombre *impair*. S'il y a un *reste*, le *quotient* et le *reste* doivent toujours être d'*espèce différente* — Conséquence — COMMENT une *personne* qui ne connaît aucune des *règles* de l'*arithmétique*, ni les *tables d'addition* et de *multiplication*, mais seulement les *termes techniques*, et par habitude, les nombres *pairs* et *impairs*, à la vue de leur expression *vulgaire* en *chiffres*, PEUT-ELLE juger, d'un coup d'œil, s'il y a CERTITUDE OU NON que la *division* PAR considérable qu'un ARITHMÉTICIEN du 1er *ordre* vient d'effectuer est FAUSSE ? — *Remarque* importante sur la *division* PAR — Des 4 CAS de la *division* EN — *Aucun* nombre *impair* n ne peut se *diviser* EN un nombre *pair* k de parties égales, *plus petit* que lui. L'*opération*, pour une telle DIVISION EN qui est *impossible*, donne toujours k + 1 *parts*, 1 de plus que le nombre de *parts égales demandées* — Conséquence — *Remarque* importante au sujet d'une *division*, dans laquelle le *dividende* n serait un nombre *impair* plus grand que 1, et le *diviseur* PAR OU EN un nombre *pair* plus petit que le *dividende* n — TOUT nombre n, *sans exception*, qui se *divise* EN 2 parties égales est un nombre *pair*. RÉCIPROQUEMENT : TOUT nombre *pair*, *sans exception*, se *divise* EN 2 parties égales — A l'*exception* du nombre 2, tout autre nombre *pair* plus grand que 2, se *divise* exactement PAR 2. RÉCIPROQUEMENT : TOUT nombre qui se *divise* exactement PAR 2 est un nombre *pair* plus grand que 2 — *Remarque* importante sur la *définition* des nombres *pairs* et *impairs* — Un nombre *impair* n'a point de MOITIÉ. — *Tout* nombre *impair* n, plus grand que 1, est la *somme* de deux nombres consécutifs, et il se *divise* par conséquent EN 2 parties inégales, dont la *différence* est 1 — Un nombre *impair* plus grand que 1 étant *donné :* la *moitié* du nombre *pair* précédent est le *plus petit* des 2 nombres consécutifs, dont ce nombre *impair* est la *somme*, tandis que la *moitié* du nombre *pair* suivant est le *plus grand* des 2 nombres consécutifs, dont ce nombre *impair* est la *somme* — QU'APPELLE-T-ON *petite moitié* ou *grande moitié* d'un nombre *impair ?* — AUCUN nombre *impair* plus grand que 3 ne se *divise* exactement ni PAR sa *petite moitié*, ni PAR sa *grande moitié* — COMBIEN de nombres y-t-il de 1 à k? — COMBIEN y a-t-il de nombres *impairs* et COMBIEN de nombres *pairs* de 1 à k? — 1° D'un nombre *plus petit* k à un nombre *plus grand* n, COMBIEN y a-t-il de nombres? 2° COMBIEN y en a-t il de *pairs* et COMBIEN d'*impairs?* — 1° COMBIEN y a-t-il de nombres *intermédiaires* entre ceux k et n? 2° COMBIEN de ces *intermédiaires* sont-ils *pairs* et COMBIEN sont-ils *impairs?* — REMARQUE — QU'ENSEIGNE M. SERRET sur les nombres *pairs* et *impairs?* — DIALOGUE entre un *lecteur* de ce petit livre et un *disciple* de M. SERRET. — CURIEUSE REMARQUE sur la *supériorité*, d'un instant, qu'a le plus humble qui sait un *principe* sur le plus érudit *qui ne le sait pas*.

500. Chacune de ces 2 *sortes* de *divisions* présente 4 *cas*, savoir :

Dividende *impair* et diviseur PAR ou EN *pair*, c'est-à-dire d'espèce différente.

Dividende *pair* et diviseur PAR ou EN *impair*, c'est-à-dire d'espèce différente.

Dividende *pair* et diviseur PAR ou EN *pair*, c'est-à-dire de même espèce.

Dividende *impair* et diviseur PAR ou EN *impair*, c'est-à-dire de même espèce.

Je vais les examiner successivement, en commençant par ceux qui sont relatifs à la *division* PAR.

501. 1° *Aucun* nombre IMPAIR n ne DOIT se *diviser* exactement PAR un nombre PAIR k PLUS PETIT que lui (1).

2° Une *telle division* DOIT toujours laisser un nombre r pour le

(1) A l'égard des 4 *propositions* dont il s'agit, il faut bien se garder de confondre ce qu'on entend par une *division* PAR qui *peut* ou *doit* se faire exactement ou non exactement, c'est-à-dire *sans reste* ou *avec reste*, ce qui dépend du *dividende* et du *diviseur*, avec une *division* PAR que le *calculateur* a faite exactement ou non exactement, parce qu'il ne s'est pas *trompé* ou qu'il s'est *trompé*, selon qu'il a trouvé le *résultat* exact ou *vrai* ou bien un *résultat* inexact ou *faux :* ces mots *exactement* et *non exactement* n'ayant pas le *même sens*, suivant qu'ils s'appliquent au *dividende* et au *diviseur* ou à la *personne* qui vient de *diviser*.

Je dis le *diviseur* PAR *plus petit* que le *dividende*, par un excès de clarté dont on pourrait se dispenser, puisque c'est un *axiome* ou une *notion* du *sens commun* qu'il ne peut être ni *plus grand*, ni *égal*, d'où suit nécessairement qu'il doit être *plus petit*, pour que la *division* PAR lui soit *faisable* exactement ou non exactement.

Enfin, je suppose toujours un *diviseur* de 5 *chiffres* au moins et un *dividende* TEL qu'ayant à *trouver* au moins 5 à 6 *chiffres* au *quotient*, le *calculateur*, bien qu'*arithméticien* de 1er *ordre*, soit susceptible de *se tromper*, par suite d'une grande contention d'esprit.

RESTE et ce RESTE r DOIT toujours être un nombre IMPAIR. Le QUOTIENT pouvant être PAIR ou IMPAIR.

DÉMONSTRATION du 1°. En effet : lorsqu'un nombre n *doit* se *diviser* exactement PAR un nombre k, c'est qu'il est MUTIPLE de ce nombre k, qu'il le contient *plusieurs fois*, h *fois*, exactement, c'est-à-dire qu'on a n = h • k

Mais, quand le *diviseur* k est un nombre *pair*, le *produit* h • k est aussi un nombre *pair*, quel que soit le *multiplicateur* h, *pair* ou *impair* [487]; or, un produit *pair* ne pouvant être *égal* à un *dividende* n qui serait *impair* : il s'ensuit donc qu'aucun nombre *impair* n ne *doit* se *diviser* exactement PAR aucun nombre *pair*, ce qui justifie le 1° ci-dessus.

DÉMONSTRATION du 2°. Une *telle division* devant laisser un nombre r pour *reste*, je dis que ce *reste* r *doit* être nécessairement un nombre *impair*.

En effet : le nombre n *impair* ne pourrait être *égal* à celui exprimée par h • k + r, si le nombre r était *pair*, quel que fût celui h :

Car le *produit* h • k étant un nombre *pair*, puisque le nombre k est *pair* : si le nombre r était *pair* aussi, la *somme* de 2 nombres *pairs* serait un nombre *pair* [468] qui ne pourrait être *égal* à celui n qui est *impair*.

Donc le *reste* r *doit* être nécessairement un nombre *impair*, pour que la *somme* de 2 nombres, l'un *pair* et l'autre *impair*, soit un nombre *impair* [469] qui puisse être *égal* au nombre *impair* n, ce qui justifie le 2° ci-dessus (1).

502. CONSÉQUENCE: De là suit donc : que CELUI qui, connaissant la *proposition* ci-dessus, vient de *diviser* un nombre *impair* n PAR un nombre *pair* k, a la *certitude* absolue qu'il s'est *trompé*, qu'il n'a pas trouvé le *résultat* exact ou *vrai*, dans chacun des 2 *cas* suivants ; de sorte que le *résultat* n'est pas à VÉRIFIER mais à RECTIFIER, puisqu'il est FAUX ; tandis que CELUI qui ne connaît pas cette *proposition* perdra le temps à faire une *vérification* inutile, et aura de plus le ridicule aux yeux d'un *arithméticien* éclairé, d'être dans le *doute* si le *résultat* qu'il vient de trouver est *vrai* ou *faux*, alors que le *doute* n'est pas possible, puisqu'il est FAUX.

(1) Les 2 *faits* du 1° et 2°, si faciles à prouver et si utiles à connaître, puisque la *division* d'un nombre *impair* PAR un nombre *pair* se présente à tout instant, n'ont jamais été signalés par M. SERRET, ni, à mon su, par aucun autre *auteur*. Il en est de même des 2 *faits* relatifs à l'*espèce*, qui sont propres à chacune des 5 *propositions* qui viennent après celle-ci.

1er CAS, pour *mémoire*. S'il a trouvé que la *division* se fait exactement, puisqu'il DOIT y avoir un nombre pour *reste*, en vertu du 1° ci-dessus.

J'observe toutefois que je mentionne ce 1er *cas* comme *possible*, bien qu'il y ait *certitude morale* qu'il ne peut avoir lieu, dans la *pratique*, et voici pourquoi :

Si un nombre *impair* n *divisé* PAR un nombre *pair* k DOIT donner pour *quotient* h *fois*, et pour *reste* 201, par exemple, de sorte qu'on a l'*équivalence vraie* : $n = h \cdot k + 201$; on a aussi $n - 201 = h \cdot k$; c'est-à-dire qu'il existe un nombre n—201 ou n' qui est *pair* [477] et TEL qu'il se divise exactement PAR ce nombre *pair* k, et donne le même *quotient* h *fois*.

Donc : si en *divisant* le nombre *impair* donné n PAR le nombre *pair* k, un *calculateur* peu exercé, fatigué par une grande contention d'esprit, ou trompé par des *chiffres* mal *formés* (1), a commis 2 *erreurs* en *moins*, l'une de 2, dans le *dividende partiel* des *centaines*, et l'autre de 1, dans le *dividende partiel* des *unités* simples : l'*erreur totale* en *moins* qui existera alors dans le dernier *dividende partiel* étant de 201, ce dernier *dividende partiel* n'étant plus *celui* de la *division* du nombre *impair* n PAR le nombre *pair* k, mais *celui* de la *division* du nombre *pair* n-201 ou n' [477] PAR le nombre *pair* k, se *divisera* exactement PAR k, et donnera le même *quotient* h *fois*.

Sans doute : il y a *certitude morale* que les *erreurs* commises ne seront pas toutes en *moins*, et surtout *telles* que l'*erreur totale* soit justement *égale* au nombre 201 qu'aurait donné pour *reste* la *division* de n PAR k, si elle avait été bien faite; mais comme il n'y a pas *certitude absolue*, personne n'a le *droit* d'*affirmer* que cela n'aura JAMAIS lieu; et puisqu'un *calculateur* peut se tromper, on est fondé à admettre qu'une *erreur* de cette sorte *est possible*, malgré la *certitude morale* qu'elle n'aura pas lieu (2); aussi je ne mentionne ce 1er *cas* d'*erreur* que *pour mémoire*.

(1) Presque tout le monde écrit les *chiffres* avec une négligence qui est presque toujours punie. Ceux dits *deux*, *trois*, *cinq*, quand ils sont *mal formés*, peuvent se prendre l'un pour l'autre, et de même de ceux *sept*, *neuf* ; or, je sais, par mon expérience propre, que cette mauvaise habitude, cause d'une foule d'*erreurs*, fait perdre un temps très-considérable.

(2) Ainsi, par exemple : quelque nombre d'*obligations* de la *Ville* de *Paris* que l'on possède, on a, avant le tirage, la *certitude morale* que le numéro qui va gagner le *gros lot* n'est pas parmi elles, mais on n'en a pas la *certitude absolue*, puisqu'il pourrait bien s'y trouver.

De même encore : une personne eût-elle pris 999 billets dans une *loterie* de

2ᵉ cas. S'il a trouvé un *reste*, et que ce *reste* soit un nombre *pair*, puisqu'il doit être *impair*, en vertu du 2° ci-dessus.

Nota. Je rappelle ici que le *résultat* de la *division* d'un nombre *impair* PAR un nombre *pair* peut aussi être reconnu *faux* à l'instant même, pour une *erreur* autre que celle de l'*espèce* du nombre trouvé pour *reste*. Cela a lieu, lorsque le *reste* étant de l'*espèce voulue* par le 2° ci-dessus, c'est-à-dire *impair*, on voit, d'un coup d'œil, qu'en *multipliant* le nombre *pair* qu'exprime le chiffre de *droite* du *diviseur* (1) par le nombre *pair* ou *impair* qu'exprime le chiffre de *droite* du *quotient*, et en ajoutant à ce *produit* qui est *pair* [487] le *reste impair*, s'il est d'un seul chiffre, ou le nombre *impair* qu'exprime son chiffre de *droite*, s'il est de plusieurs chiffres, ce nombre-*somme* qui est *impair* [469] n'a pas pour chiffre de *droite* le chiffre *impair* de *droite* du *dividende*, qu'on devrait *retrouver* par cette petite *vérification*, ce qui n'est pas.

Il va d'ailleurs de soi que si, par cette *vérification*, on retrouve le chiffre *impair* de *droite* du *dividende*, ce ne sera pas une raison suffisante pour croire que le *résultat* trouvé, *quotient* et *reste*, soit le *vrai*, cela pouvant *être* ou *ne pas être*, le *quotient* ou le *reste* pouvant avoir quelque chiffre *faux*.

503. La *division* d'un nombre *pair* n PAR un nombre *impair* k *plus petit* que lui se fait exactement ou non exactement, ce qui dépend des 2 nombres en jeu comme *dividende* et *diviseur* PAR (2).

1,000 billets seulement, elle n'aurait pas la *certitude absolue* qu'elle possède le billet gagnant, puisque ce peut être celui qu'elle n'a pas ; elle n'a donc que la *certitude morale* qu'elle gagnera.

(1) Comme le *diviseur* est *pair*, je suppose son chiffre de *droite* significatif, c'est-à-dire l'un de ceux 2, 4, 6, 8, et le chiffre de *droite* du *quotient* significatif aussi, s'il est *pair*, puisqu'il l'est nécessairement, s'il est *impair* ; c'est là d'ailleurs le *cas* le plus général, et voici pourquoi j'*exclus* le *zéro* comme chiffre de *droite* du diviseur :

D'une part : le *chiffre* 0 n'exprimant pas un nombre, on ne pourrait dire : en *multipliant* le nombre exprimé par le chiffre de *droite* du *diviseur*, etc.

D'autre part : le lecteur peut voir facilement que si le *diviseur* et le *quotient*, ou bien l'un deux seulement, a *zéro* pour chiffre de *droite*, l'*erreur* dont il s'agit n'est jamais possible ; le chiffre de *droite* du *dividende*, quel qu'il soit, se *retrouvera* toujours, parce qu'étant *celui* qu'on *abaisse* le dernier, il est lui-même ou le *reste* de la *division* ou le chiffre de *droite* du *reste* ; et de là suit que lorsqu'on *multiplie* le *diviseur* par le nombre du *quotient*, *produit* dont le chiffre de *droite* est alors *zéro*, et qu'on ajoute à ce *produit* le *reste*, c'est *lui*, chiffre de *droite* du *dividende*, qui se trouve être chiffre de *droite* de ce nombre-*somme* qui devrait être *égal* au *dividende*.

(2) La *division* d'un nombre *impair* PAR un nombre *pair* est la seule qui ne

1° DOIT-ELLE se faire exactement ou *sans reste*, parce que le *dividende* se trouve être un *multiple* du diviseur PAR ?

Le nombre qui sert à marquer le *quotient* DOIT toujours être un nombre *pair*.

2° DOIT-IL y avoir un *reste*, parce que le *dividende* n'est pas un *multiple* du *diviseur* PAR ?

Le *quotient* et le *reste* DOIVENT toujours être de *même espèce* ; c'est-à-dire *pairs* ensemble ou *impairs* ensemble.

DÉMONSTRATION du 1°. En effet : le nombre *pair* n *doit-il* se *diviser* exactement PAR ce nombre *impair* k, parce qu'il en est un *multiple ?* Il *doit* donc contenir ce nombre k *plusieurs fois*, h *fois*, exactement, et l'on *doit* avoir n = h•k.

Mais le nombre h ne peut être *impair* comme celui k, puisque le *produit* h•k serait un nombre *impair* [490] ; or, le *dividende* ou nombre n est *pair*, par supposition.

Donc le nombre h, et par suite le *quotient* h *fois* DOIT être *pair*, pour que le *produit* h•k soit un nombre *pair* comme le nombre n [487], ce qui justifie le 1° ci-dessus.

DÉMONSTRATION du 2°. En effet : la *division* du nombre *pair* n PAR le nombre *impair* k *doit-elle* donner pour *quotient* h *fois* et pour *reste* un nombre r, parce que le nombre n n'est pas un *multiple* de celui k ? On *doit* donc avoir n = h•k + r : le nombre h *ici* pouvant être celui 1, si le nombre n est *intermédiaire* entre le nombre k et celui 2 • k

Pour une *telle division*, dis-je, le *quotient* et le *reste* doivent toujours être de *même espèce*, c'est-à-dire *pairs* ou *impairs* ensemble, et voici pourquoi :

Lorsque h est *pair*, le *produit* h•k étant un nombre *pair*, le *reste* r ne peut être un nombre *impair*, puisque la *somme* de 2 nombres, l'un *pair* et l'autre *impair*, serait un nombre *impair* [469] ; or, le *dividende* ou nombre n est *pair*, par supposition.

Et lorsque h est *impair* : le *produit* h•k étant un nombre *impair* [490], le *reste* r ne peut être un nombre *pair*, puisque la *somme* de 2 nombres, l'un *impair* et l'autre *pair*, serait encore un nombre *impair* [469] ; or, le *dividende* ou nombre n est *pair*.

Le *quotient* et le *reste* doivent donc alors être toujours de *même*

DOIVE jamais se faire exactement : aucun nombre *impair* n'étant *multiple* d'un nombre *pair* [487].

espèce, c'est-à-dire *pairs* ou *impairs* ensemble, ce qui justifie le 2° ci-dessus.

504. CONSÉQUENCE. De là suit donc, que CELUI qui, connaissant la *proposition* ci-dessus, vient de *diviser* un nombre *pair* n PAR un nombre *impair* k, a la *certitude* absolue qu'il s'est *trompé*, qu'il n'a pas trouvé le *résultat* exact ou *vrai*, dans chacun des 3 *cas* suivants; de sorte que le *résultat* n'est pas à *vérifier* mais à *rectifier*, puisqu'il est *faux ;* tandis que CELUI qui..... etc., comme il est dit au n° 502.

1er CAS, pour *mémoire.* S'il a trouvé que la *division* se fait exactement et donne un *quotient impair*, puisqu'il doit être *pair*, en vertu du 1° ci-dessus.

Ici, encore, je mentionne ce 1er *cas* comme *possible*, bien qu'il y ait *certitude morale* qu'il ne peut avoir lieu, dans la *pratique*, et voici pourquoi :

Supposons que le *dividende* donné n *pair*, et le *diviseur* donné k *impair*, soient TELS qu'on ait l'*équivalence vraie* n = h•k — 21, par exemple; le nombre h étant *impair* comme celui k, et 21 *plus petit* que k

On aurait alors n + 21 ou n' = h•k ; c'est-à-dire que le nombre *impair* n' (469) se *diviserait* exactement PAR le nombre *impair* k, et qu'on aurait pour *quotient impair* h *fois.*

Or, si, en *divisant* le nombre *pair* donné n PAR le nombre *impair* donné k, le *calculateur* a commis 2 *erreurs* en *plus*, l'une de 2, dans le *dividende partiel* des *dizaines*, et l'autre de 1, dans le *dividende partiel* des *unités* simples, soit pour cause de chiffres *mal formés*, soit autrement, l'*erreur totale* en *plus* qui existera alors dans le *dernier dividende partiel* étant de 21, ce dernier *dividende partiel* n'étant plus *celui* de la *division* du nombre *pair* n PAR le nombre *impair* k, mais *celui* de la *division* du nombre *impair* n + 21 ou n' [469] PAR le nombre *impair* k, se *divisera* exactement PAR k, et on trouvera le *quotient impair* h *fois.*

Sans doute : il y a *certitude morale* que les 2 *erreurs* commises ne seront pas en *plus*, et surtout TELLES que l'*erreur totale* soit justement *égale* au nombre 21 qu'il faudrait *ajouter* au *dividende pair* donné n et pour avoir un nombre *impair* n + 21 ou n', TEL qu'il soit *multiple* du *diviseur impair* donné k ; mais comme il n'y a pas *certitude absolue*, personne n'a le *droit* d'*affirmer* que cela n'aura JAMAIS lieu ; et puisqu'un *calculateur* peut se tromper, on est fondé à admettre qu'une *erreur* de cette sorte *est possible*, malgré la *certi-*

tude morale qu'elle n'aura pas lieu ; aussi je ne mentionne ce 1er *cas* d'*erreur* que pour *mémoire.*

Nota. Ici, encore, je rappelle que le *résultat* de la *division* d'un nombre *pair* PAR un nombre *impair* peut aussi être reconnu FAUX à l'instant même, bien que le *calculateur* ait trouvé qu'elle se fait exactement, et qu'elle donne un *quotient* de l'*espèce voulue* par le 2° ci-dessus, c'est-à-dire *pair.* Cela a lieu, lorsqu'il voit, d'un coup d'œil, qu'en *multipliant* le nombre *impair* qu'exprime le chiffre de *droite* du *diviseur* par le nombre *pair* qu'exprime le chiffre de *droite* du *quotient*, le chiffre de *droite* de ce *produit* qui est *pair* [487] n'est pas *le même* que le chiffre *pair* de *droite* du *dividende* donné n ;

Et aussi, si le chiffre de *droite* du *quotient pair* était celui *zéro.*

Il va d'ailleurs de soi, que si, par cette *vérification*, on retrouve le chiffre *pair* de *droite* du *dividende*, ce ne sera pas une *raison* suffisante pour croire que le *quotient* trouvé soit le *vrai*, cela pouvant *être* ou *ne pas être*, le *quotient* pouvant avoir quelque chiffre faux.

2e CAS. S'il a trouvé qu'elle ne se fait pas exactement, et qu'elle donne un *quotient pair* et un *reste impair*, puisque le *quotient* et le *reste* doivent être de *même espèce*, en vertu du 2° ci-dessus.

3e CAS. S'il a trouvé un *quotient impair* et un *reste pair*, puisqu'encore une fois, le *quotient* et le *reste* doivent être de *même espèce*, en vertu du 2° ci-dessus.

Nota. Je rappelle ici que le *résultat* de la *division* d'un nombre *pair* PAR un nombre *impair*, bien que le *quotient* et le *reste* soient de *même espèce*, comme il est voulu par le 2° ci-dessus, peut aussi être reconnu FAUX à l'instant même, si l'on voit, d'un coup d'œil, qu'en *multipliant* le nombre *impair* qu'exprime le chiffre de *droite* du *diviseur* par le nombre *pair* ou *impair* qu'exprime le chiffre de *droite* du *quotient*, et en ajoutant à ce *produit* le *reste*, s'il est d'un seul chiffre, ou le nombre qu'exprime son chiffre de *droite*, s'il est de plusieurs chiffres, ce nombre-*somme* qui est *pair* [468] n'a pas pour chiffre de *droite* le chiffre *pair* de *droite* du *dividende* donné n, qu'on devrait *retrouver* par cette petite *vérification.*

Il va d'ailleurs de soi, que si, par cette *vérification*, on retrouve ...... etc., comme il est dit au *nota* du 2e *cas.*

505. Le *division* d'un nombre *pair* n PAR un nombre *pair* k plus petit que lui se fait exactement ou non exactement, ce qui dépend toujours des 2 nombres en jeu comme *dividende* et *diviseur* PAR.

1° DOIT-ELLE se faire exactement ? Le *quotient* peut être *pair* ou *impair*.

2° Doit-il y avoir un *reste?* Le *quotient* peut être *pair* ou *impair*, mais le *reste* doit toujours être un nombre *pair.*

Démonstration du 1°. En effet : Le nombre *pair* n *doit-il* se *diviser* exactement par le nombre *pair* k, parce qu'il en est le *multiple?* On *doit* donc avoir n = h • k.

Mais ici le nombre h peut être *pair* ou *impair,* puisque dans les 2 cas, le *produit* h • k sera toujours un nombre *pair* [487] comme le *dividende* ou nombre n, ce qui justifie le 1° ci-dessus.

Démonstration du 2°. La *division* du nombre *pair* n par le nombre *pair* k *doit-elle* donner pour *quotient* h *fois*, et pour *reste* un nombre r, parce que le nombre n n'est pas un *multiple* de celui k? On a alors n = h • k + r, le nombre h ici pouvant être celui 1

Le *quotient* peut être alors *pair* ou *impair*, mais le *reste* doit toujours être un nombre *pair.*

La raison en est : que h soit *pair* ou *impair*, le *produit* h • k est toujours un nombre *pair*, puisque k est *pair* [487]; mais le *reste* r ne peut être un nombre *impair,* parce que la *somme* de 2 nombres, l'un *pair* et l'autre *impair*, serait un nombre *impair* [469], or le *dividende* ou nombre donné n est *pair.*

Donc le *reste* doit être nécessairement un nombre *pair*, pour que la *somme* de 2 nombres *pairs* puisse donner le *dividende* ou nombre n qui est *pair* [468], ce qui justifie le 2° ci-dessus.

506. Conséquence. De là suit donc : que celui qui, connaissant la *proposition* ci-dessus, vient de *diviser* un nombre *pair* par un nombre *pair*, a la *certitude* absolue qu'il s'est *trompé*, qu'il n'a pas trouvé le *résultat* exact ou *vrai*, dans chacun des 2 *cas* suivants, de sorte que le *résultat* n'est pas à vérifier, mais à rectifier, puisqu'il est faux; tandis que celui qui ne connaît pas cette *proposition*..... etc, comme il est dit au n° 502.

1er cas. S'il a trouvé que la *division* ne se fait pas exactement, et qu'elle donne un *quotient pair* et un *reste impair*, puisque le *reste* doit être *pair*, en vertu du 2° ci-dessus.

2e cas. S'il a trouvé le *quotient impair* et le *reste impair*, puisque le *reste* doit être *pair*, en vertu du 2° ci-dessus.

Nota. Ici encore, je rappelle que le *résultat* de la *division* d'un nombre *pair* par un nombre *pair* peut aussi être reconnu faux à l'instant même, bien que le *calculateur* ait trouvé le *reste* de l'*espèce voulue* par le 2° ci-dessus, c'est-à-dire *pair*. Cela a lieu, s'il voit, d'un coup d'œil, que les 3 chiffres de *droite*, du *diviseur*, du *quotient* et du *reste*, sont TELS qu'en *multipliant*...... etc., on ne retrouve pas le chiffre *pair* de *droite* du *dividende* donné n

Il va d'ailleurs de soi, que si, par cette *vérification*, on le retrouve...... etc., comme il est dit au *nota* du 2e *cas* du no 502.

Observation analogue, si le *calculateur*, trouvant que la *division* d'un nombre *pair* PAR un nombre *pair* se fait exactement, voyait, d'un coup d'œil, que le chiffre *pair* de *droite* du *diviseur* et le chiffre de *droite* du *quotient* qui est certes de l'*espèce voulue* par le 1° ci-dessus, puisqu'il peut être *pair* ou *impair*, sont TELS qu'en *multipliant*...... etc., on ne retrouve pas le chiffre *pair* de *droite* du *dividende* ou nombre n

507. La *division* d'un nombre *impair* PAR un nombre *impair* plus petit que lui se fait exactement ou non exactement, ce qui dépend toujours des 2 nombres en jeu comme *dividende* et *diviseur* PAR.

1° DOIT-ELLE se faire exactement? Le *quotient* DOIT toujours être un nombre *impair*.

2° DOIT-IL y avoir un *reste*? Le *quotient* et le *reste* DOIVENT toujours être d'*espèce différente*, c'est-à-dire l'un *pair* et l'autre *impair*.

DÉMONSTRATION du 1°. En effet : Le nombre *impair* n *doit-il* se *diviser* exactement PAR le nombre *impair* k, parce qu'il en est un *multiple ?* On *doit* donc avoir n = h • k.

Or, le nombre k étant *impair :* celui h ne peut être *pair*, car le *produit* h • k serait *pair* aussi [487], et ne pourrait être *égal* au *dividende* ou nombre n qui est supposé *impair*.

Donc le *quotient* h *fois doit* toujours être *impair*, ce qui justifie le 1° ci-dessus.

DÉMONSTRATION du 2°. En effet : La *division* du nombre *impair* n PAR le nombre *impair* k *doit-elle* donner pour *quotient* h *fois* et pour *reste* un nombre r, parce que le nombre n n'est pas *multiple* de celui k? On a donc alors n = h•k + r ; le nombre h *ici* pouvant être celui 1

Le *quotient* h *fois* peut alors être *pair* ou *impair*, mais le *reste* r *doit* toujours être d'une *espèce différente* du *quotient*, c'est-à-dire *impair* ou *pair*.

La raison en est : que lorsque le nombre h est *pair*, le *produit* h•k est *pair* aussi [487], de sorte que le nombre r doit être *impair*, pour que la *somme* de 2 nombres, l'un *pair* et l'autre *impair*, puisse être un nombre *impair* comme le dividende n [469].

Et que, lorsque le nombre h est *impair*, le *produit* h • k est un nombre *impair* [490], de sorte qu'il faut que le *reste* r soit un nombre *pair*, pour que la *somme* de 2 nombres, l'un *impair* et l'autre *pair*, puisse être aussi un nombre *impair* comme le *dividende* ou nombre n

508. CONSÉQUENCE. De là suit donc : que CELUI qui, connaissant la *proposition* ci-dessus, vient de *diviser* un nombre *impair* PAR un nombre *impair*, a la *certitude* absolue qu'il s'est *trompé*, qu'il n'a pas trouvé le *résultat* exact ou *vrai*, dans les 3 *cas* suivants, de sorte que ce *résultat* n'est pas à VÉRIFIER, mais à RECTIFIER, puisqu'il est FAUX ; tandis que CELUI qui ne connaît pas cette *proposition*..., etc., comme il est dit au n° 502.

1er CAS, pour *mémoire*. S'il a trouvé que cette *division* se fait exactement, et que le *quotient* est *pair*, puisqu'il doit être *impair*, en vertu du 1° ci-dessus.

J'observe, toutefois, que je ne mentionne ce 1er *cas* que pour *mémoire*, attendu qu'il y a *certitude morale* qu'il n'aura pas lieu, dans la *pratique*, pour la raison expliquée longuement au 1er *cas* du n° 502, qu'il est inutile de répéter, le seul changement à y faire étant celui-ci :

Comme le nombre k est maintenant *impair*, le *quotient* h *fois*, qui pouvait être alors *pair* ou *impair*, doit être maintenant *impair*.

NOTA. Ici encore, je rappelle que le *résultat* de la *division* d'un nombre *impair* PAR un nombre *impair* PEUT aussi être reconnu FAUX, bien que le *calculateur* ait trouvé qu'elle se fait exactement, et donne un *quotient* de l'*espèce voulue* par le 1° ci-dessus, c'est-à-dire *impair*. Cela a lieu, s'il voit, d'un coup d'œil, que le chiffre *impair* de *droite* du *diviseur* et celui du *quotient* sont TELS qu'on ne retrouve pas le 1er chiffre *impair* de *droite* du *dividende* ou nombre donné n

2e CAS. S'il a trouvé qu'elle ne se fait pas exactement, et que le *quotient* et le *reste* sont *pairs*.

Cela est évident, puisqu'ils doivent être d'*espèce différente*, en vertu du 2° ci-dessus.

3e CAS. S'il a trouvé que le *quotient* et le *reste* sont *impairs*.

Cela est aussi évident, puisque, encore une fois, ils doivent être d'*espèce différente*, en vertu du 2° ci-dessus.

NOTA. Ici encore, je rappelle que le *résultat* de la *division* d'un nombre *impair* PAR un nombre *impair* PEUT aussi être reconnu FAUX à l'instant même, bien que le *calculateur* ait trouvé le *quotient* et le *reste* d'*espèce différente*, comme il est voulu par le 2° ci-dessus, s'il voit, d'un coup œil, que les 3 chiffres de *droite* du *diviseur*, du *quotient* et du *reste*, sont TELS qu'on ne retrouve pas le chiffre *impair* de *droite* du *dividende* n

509. COMMENT une *personne* qui ne connaît ni la *division*, ni aucune des *règles* d'opération de l'*arithmétique*, ni même les TABLES d'*addition* et de *multiplication*, mais seulement les *termes techniques* des *opérations*, et, par habitude, les nombres *pairs* et *impairs*, à la vue de leur expression *vulgaire* en *chiffres*, PEUT-ELLE juger, d'un coup d'œil, s'il y a CERTITUDE absolue ou NON que la *division* PAR considérable qu'un *arithméticien* du 1er *ordre* vient d'effectuer est FAUSSE ?

RÉPONSE. De la manière la plus facile, grâce à la connaissance qu'elle a de l'*espèce* à laquelle doit appartenir le *résultat* de la *division* PAR, selon l'*espèce* du *dividende* et du *diviseur*.

Ainsi : 1° VOIT-ELLE que le *dividende* est un nombre *impair*, et le *diviseur* PAR un nombre *pair?* Elle a la *certitude* absolue qu'elle est FAUSSE, si le *calculateur* n'a pas trouvé de *reste* [502, 1er *cas*], puisqu'elle sait que le *produit* du *diviseur pair* par le nombre *pair* ou *impair* du *quotient* est un nombre *pair* [487], ce qui n'est pas l'*espèce* du *dividende* n qui est *impair*.

Et qu'elle est FAUSSE aussi : si le *calculateur* a trouvé un reste *pair* [502, 2e *cas*], puisqu'elle sait que le *produit* du *diviseur* par le nombre du *quotient*, plus le *reste pair*, est un nombre-*somme* qui est *pair* [468], ce qui n'est pas non plus l'*espèce* du *dividende* n qui est *impair*.

Quant à l'*erreur* dont il s'agit au *nota* qui suit le 2e *cas* du no 502, CELLE-LA n'étant pas relative à l'*espèce* ne peut être reconnue par la *personne* que nous supposons ne pas savoir les *tables* de *multiplication* et d'*addition*.

2° VOIT-ELLE que le *dividende* est un nombre *pair* et le *diviseur* PAR un nombre *impair?* Elle a aussi la *certitude* absolue qu'elle est FAUSSE, si le *calculateur* n'a pas trouvé de *reste*, et que le *quotient* est *impair* [504, 1er *cas*], puisqu'elle sait que le *produit* de *diviseur impair* par le nombre *impair* du *quotient* est un nombre *impair* [490], ce qui n'est pas l'*espèce* du *dividende* qui est *pair*.

Et qu'elle est FAUSSE aussi : si le *calculateur* a trouvé un *quotient* et un *reste* d'*espèce différente* [504, 2e et 3e *cas*], puisqu'elle sait que le *produit* du *diviseur impair* par le nombre du *quotient*, s'il est *pair*, plus le *reste impair*, dans le 2e *cas*, ou par le nombre du *quotient*, s'il est *impair*, plus le *reste pair*, dans le 3e *cas*, donne un nombre-

somme qui est *impair* [469], ce qui n'est pas l'*espèce* du *dividende* qui est *pair*.

Quant à l'*erreur* dont il s'agit au *nota* qui suit le 3ᵉ *cas* du nº 504 : CELLE-LA n'étant pas relative à l'*espèce* ne peut être reconnue par la *personne* que nous supposons ne pas savoir les *tables* de *multiplication* et d'*addition*.

3ᵉ VOIT-ELLE que le *dividende* et le *diviseur* PAR sont des nombres *pairs?* Elle a la *certitude* absolue qu'elle est FAUSSE, si le *calculateur* a trouvé un *reste impair* [506, 1ᵉʳ et 2ᵉ *cas*], puisqu'elle sait que le *produit* du *diviseur pair* par le nombre *pair* ou *impair* du *quotient*, plus le *reste impair*, donne un nombre-*somme* qui est *impair* [469], ce qui n'est pas l'*espèce* du *dividende* qui est *pair*.

Quant à l'*erreur* dont il s'agit au *nota* qui suit le 2ᵉ *cas* du nº 506 : CELLE-LA n'étant pas relative à l'*espèce* ne peut être reconnue par la *personne* que nous supposons ne pas savoir les *tables* de *multiplication* et d'*addition*.

4º VOIT-ELLE le *dividende* et le *diviseur* PAR *impairs?* Elle a la *certitude* absolue qu'elle est FAUSSE, si le *calculateur* a trouvé un *quotient pair*, sans *reste* [508, 1ᵉʳ *cas*], puisqu'elle sait que le *produit* du *diviseur impair* par le nombre *pair* du *quotient* est un nombre *pair* [487], ce qui n'est pas l'*espèce* du *dividende* qui est *impair*.

Et qu'elle est FAUSSE aussi, si le *calculateur* a trouvé un *quotient* et un *reste* qui sont de *même espèce* [508, 2ᵉ et 3ᵉ *cas*], puisqu'elle sait que le *produit* du *diviseur impair* par le nombre du *quotient*, s'il est *pair*, plus le *reste pair*, dans le 2ᵉ *cas*, ou par le nombre du *quotient* s'il est *impair*, plus le *reste impair*, dans le 3ᵉ *cas*, donne un nombre-*somme* qui est *pair* [468], ce qui n'est pas l'*espèce* du *dividende* n qui est *impair*.

Quant à l'*erreur* dont il s'agit au *nota* qui suit le 3ᵉ *cas* du nº 508 : CELLE-LA n'étant pas relative à l'*espèce* ne peut être reconnue par la *personne* que nous supposons ne pas savoir les *tables* d'*addition* et de *multiplication*.

Comme vous voyez, lecteur, tous les *cas* d'*erreur* relatifs à l'*espèce* peuvent être reconnus à l'instant même par une *personne* qui ne connaît aucune des *règles* de l'*arithmétique*, ni même les *tables* d'*addition* et de *multiplication*, mais seulement les *propriétés* des nombres *pairs* et *impairs*, et aussi : que si un nombre n contient h *fois* exactement un nombre k, le *produit* h • k doit être *égal* au nombre n

Et que s'il contient de plus un *reste* r plus petit que k : le nombre-*somme* h • k + r doit être *égal* au nombre n

Maintenant, écoutez bien ceci :

M. Serret, pour amoindrir l'importance de l'*idée nouvelle*, quant à la *division*, car il n'aurait aucun prétexte pour le faire, quant à l'*addition*, pourrait bien s'oublier jusqu'à prétendre qu'il n'était pas besoin de ma *théorie* des nombres *pairs* et *impairs*, pour savoir avec *certitude* absolue qu'une *division* est FAUSSE, dans *tous les cas* que j'ai signalés pour *erreur* de l'*espèce* dans le *résultat*, attendu que cette *erreur* porte sur le *chiffre* de *droite* du *quotient* et du *reste*, et qu'on peut la reconnaître tout aussi vite, à l'instant même, et sans prendre la plume, en *multipliant* le nombre qu'exprime le chiffre de *droite* du *diviseur* par celui qu'exprime le chiffre de *droite* du *quotient*, et ajoutant au *produit* celui qu'exprime le chiffre de *droite* du *reste*, s'il y a eu un *reste*, et qu'il soit de plusieurs chiffres.

Ainsi, par exemple : le chiffre de *droite* du *diviseur* étant 9, et celui du *quotient* 6, sans *reste :*

Comme 6 • 9, font 54 : il y a *certitude* absolue que la *division* est FAUSSE, si le chiffre de *droite* du *dividende* n n'est pas 4 ;

Et s'il y a eu pour *reste*, soit le nombre 8, soit un nombre dont le chiffre de *droite* est 8 : comme 54 + 8 font 62, il y a aussi *certitude* absolue que la *division* est FAUSSE, si le chiffre de *droite* du *dividende* *n* n'est pas 2

Certes, tout cela est incontestable, et je ne l'ai jamais contesté ; mais il me serait permis de répondre, à mon tour, ceci à M. Serret :

En 1er lieu. Comment se fait-il, M., que vous ayez attendu jusqu'à aujourd'hui pour vous expliquer aussi clairement, car il y a plus de 30 ans que vous publiez des *Traités* d'*arithmétique* revus et corrigés, et ce *fait* que vous m'opposez n'est constaté dans aucun d'eux ; il valait pourtant la peine d'informer vos disciples (1) que la 1re chose que doit faire, avant tout, CELUI qui vient d'effectuer une *division* fatigante, c'est de s'assurer, ce qui se fait sans prendre la plume, si les 2 chiffres de *droite*, du *diviseur* et du *quotient*, s'il n'y a pas eu de *reste*, ou les 3 chiffres de *droite*, en y comprenant celui *du reste*, s'il y a eu un *reste*, SONT TELS qu'on retrouve le chiffre de *droite* du *dividende ;* car s'ils SONT TELS qu'on ne le retrouve pas, la *division* étant très-certainement FAUSSE, ce serait perdre le temps stupidement que de continuer la *vérification*, le *résultat* trouvé étant à RECTIFIER et non à VÉRIFIER, puisqu'il est FAUX ;

(1) Voir le *Dialogue*, nº 529.

or vos disciples *continuent* cette *vérification*, faute d'avoir été prévenus par vous.

Et si vos disciples ayant fait une *division* dont le *résultat* est FAUX avec *certitude* absolue, ce qu'ils ignorent, la *vérifient* à l'aide de la PREUVE par 9 ou par 11, voyez quel *rôle ridicule* vous leur faites jouer :

D'une part : ils cherchent à savoir si le *résultat* qu'ils viennent de trouver est *vrai* ou *faux*, alors qu'il est très-certainement FAUX ;

Et d'autre part : ils *lèvent* le *doute* où ils se trouvent en faisant une *preuve* que vous reconnaissez vous-même à votre n° 87 ne rien prouver; pauvres jeunes gens! je suis donc fondé à dire que votre critique ne s'est pas réveillée d'elle-même, mais qu'elle a attendu qu'on la réveille.

En 2e lieu. La manière de reconnaître, à l'instant même, que la *division* qu'on vient d'effectuer est FAUSSE, parce que les chiffres de *droite*, du *diviseur*, du *quotient* et du *reste*, s'il y en a eu un, sont *tels* qu'on voit, d'un coup d'œil, qu'on ne retrouve pas le chiffre de *droite* du *dividende*, suppose une *personne* qui connaît les *tables* de *multiplication* et d'*addition*, ainsi que je lai fait remarquer, dans les divers *nota*, quand l'*erreur* du *résultat* trouvé n'est pas relative à l'*espèce*. Votre critique n'est donc pas fondée, car vous faites semblant d'oublier que la *personne* dont je parle la reconnaît FAUSSE, bien qu'elle ne connaisse aucune *table* et aucune *règle*, mais seulement les *propriétés* des nombres *pairs* et *impairs*, et par suite l'*espèce* à laquelle doit appartenir le *résultat* de la *division*, d'après l'*espèce* du *dividende* et du *diviseur* PAR ; or, c'est dans ce *fait*, original et curieux, d'un *homme* qui ne sait pas faire la *division*, et prend en DÉFAUT celui qui la sait, que consiste l'*idée nouvelle ;* et elle est si bien nouvelle, *cette idée*, que plusieurs de vos *disciples*, et d'autres encore, questionnés par moi sur ce point, l'ont regardé comme *impossible*, parce qu'ils ne connaissaient pas la *théorie* des nombres *pairs* et *impairs*.

510. REMARQUE importante sur la *division* PAR (1).

Dans une *division* considérable et fatigante, l'*erreur* quant à l'*espèce* du *résultat* est possible, même de la part d'une personne exercée; et lorsque le *résultat* est de l'*espèce voulue* par les 2 nombres en jeu comme *dividende* et *diviseur* PAR, et qu'on voit,

(1) Cette *remarque* suppose un *lecteur* qui connaît déjà l'*arithmétique* de *routine*.

d'un coup d'œil, que l'on retrouve le chiffre de *droite* du *dividende*, j'ai dit que ce n'est pas une *raison* suffisante pour *croire* que le *résultat* trouvé est exact ou *vrai*, il est seulement *probable* qu'il l'est.

Pour augmenter cette *probabilité*, il faut effectuer une autre *opération*, et voici laquelle :

1° Le *dividende* n étant *impair* et le *diviseur* k *pair* : supposons, d'une part, qu'on ait trouvé pour *quotient* h *fois*, et pour *reste* un nombre *impair* r, car cette *division* ne doit jamais se faire exactement [501]; Le *résultat* est alors de l'*espèce voulue*, puisque le *quotient* h *fois* peut être *pair* ou *impair;*

Et supposons, d'autre part : qu'on voie, d'un coup d'œil, qu'on retrouve le chiffre de *droite* du *dividende*.

Cela étant : il est *probable* que le *résultat* trouvé, h *fois* et r, est le *vrai*.

Pour augmenter la *probabilité*, il faut *multiplier* le nombre k par celui h, et ajouter le reste r au *produit*.

Si l'on trouve que le nombre exprimé par h • k + r n'est autre que le *dividende* n, il y aura *presque certitude* que le *résultat* trouvé pour la *division* est le *vrai*.

Pour augmenter encore cette *presque certitude*, il faut *retrancher* le *reste* r du *dividende* n, et voici pourquoi :

Si h • k + r est véritablement un nombre *égal* à celui n, nécessairement n — r ou m doit être *égal* à h • k

Il faut alors *diviser* le nombre m PAR le nombre h; si l'on trouve pour *quotient* k *fois*, sans *reste*, il y aura *certitude morale* que le *résultat* de la 1re *division* est le *vrai*; car, si véritablement m ou n — r = k•h ou h•k, nécessairement n — r + r = h • k + r, c'est-à-dire n = h • k + r, ce qui *confirme* que h *fois* et r sont bien le *résultat* que doit donner la *division* de n PAR k

D'ailleurs, cette *certitude morale* est suffisante, puisque, encore une fois, la *certitude absolue* ne peut exister pour des *opérations* de longue haleine qui ont la mémoire pour appui; elle n'existe que pour des *vérités logiques*, parce que *celles-là*, étant indépendantes du *système* de la *numération chiffrée*, le sont par conséquent aussi de la mémoire.

2° Le *dividende* n et le *diviseur* k appartiennent-ils à l'un des 3 autres *cas* de la *division* PAR [500], pour chacun desquels elle peut se faire exactement ou non exactement, selon que le nombre n est *multiple* ou *non multiple* de celui k?

Si la *division* du nombre n PAR celui k s'est faite exactement et a donné pour *quotient* h *fois* qui est de l'*espèce voulue;* et si on voit, d'un coup d'œil, qu'on retrouve le chiffre de *droite* du *dividende :* ce n'est pas non plus, ai-je dit, une raison suffisante pour *croire* que ce *quotient* h *fois* est celui *voulu* de *cette espèce*, cela est seulement probable.

Pour augmenter cette *probabilité*, il faut faire une autre opération :

Il faut *multiplier* le *diviseur* k par le nombre h ; si le *produit* h•k n'est autre que le *dividende* n, il y aura *presque certitude* que h *fois* est bien le *résultat vrai.*

Pour augmenter cette *presque certitude*, il faut *diviser* alors le nombre n PAR celui h ; si l'on trouve pour *quotient* k *fois*, sans *reste*, il y aura *certitude morale* que le *quotient* h *fois* trouvé à la 1re *division* est le *résultat vrai*, puisque les 2 *opérations* l'ont *confirmé* : le nombre k•h étant *le même* que celui h•k,

Si, au contraire, la *division* du nombre n PAR celui k ne s'est pas faite exactement, et a donné pour *reste* un nombre r *plus petit* que celui k, qui soit, comme le *quotient* h *fois*, de l'*espèce voulue;* et si l'on voit, d'un coup d'œil, qu'on retrouve le chiffre de *droite* du *dividende* : ce n'est pas non plus une raison suffisante pour *croire* que ce soient là le *quotient voulu* et le *reste voulu* de l'*espèce voulue*, il est seulement *probable* que cela est.

Pour augmenter cette *probabilité*, il faut opérer alors comme il vient d'être dit au 1° ci-dessus, et qu'il est par conséquent inutile de répéter.

Il va d'ailleurs sans dire que, dans la *pratique* des *calculs*, chacun est juge du degré de confiance qu'il doit avoir dans la *division* PAR qu'il vient d'effectuer; aussi arrive-t-il souvent que lorsque le *résultat* est de l'*espèce voulue*, et qu'en *multipliant* le nombre qu'exprime le chiffre de *droite* du *diviseur* par le nombre qu'exprime le chiffre de *droite* du *quotient*, et ajoutant au *produit* celui qu'exprime le chiffre de *droite* du *reste*, s'il est de plusieurs chiffres, on retrouve le chiffre de *droite* du *dividende*, on ne fait pas d'autre opération.

511. Des 4 *cas* de la *division* EN.

1° *Aucun* nombre *impair* n ne PEUT se *diviser* EN un nombre *pair* k de parties égales, *plus petit* que lui (1).

(1) Ici, comme au n° 501 pour la *division* PAR, je dis le *diviseur* EN *pair* k *plus petit* que le *dividende* n, par un excès de clarté dont on pourrait se dispenser, attendu qu'il doit l'être nécessairement, et voici pourquoi :

2° L'*opération*, pour une telle *division* EN qui est *impossible*, donne toujours k + 1 *parts*, une de *plus* que le nombre de *parts égales* demandé, qui est impossible.

Et si la *division* PAR correspondante, celle du nombre *impair* n PAR le nombre *pair* k qui est toujours *possible*, mais ne se fait jamais *exactement*, donne pour *quotient* h *fois*, et pour *reste* un nombre r *plus petit* que k, et qui DOIT ÊTRE *impair* [501] : sur ces k + 1 *parts*, il y en aura toujours k d'*égales*, chacune de h, et la *part* en *plus* sera ce nombre *impair* r lui-même qui est le *reste* de la *division* PAR ; de sorte que la *part* en *plus* est toujours *plus petite* que le nombre k de *parts égales* demandé, mais peut être *plus petite*, *égale* ou *plus grande* que chacune des k *parts égales* (1).

DÉMONSTRATION du 1°. En effet : s'il était *possible* qu'un nombre *impair* n se *divisât* EN un nombre *pair* k de parties égales, c'est-à-dire EN k nombres *égaux*, chacun de h, on aurait donc l'équivalence *vraie* :

$$n = K \cdot h$$

le nombre h étant *plus grand* que 1, puisque le nombre n est supposé *plus grand* que celui k ;

D'une part : la *division* d'un nombre n EN n parties égales n'est pas *à faire*, puisque l'esprit voit de suite que *cette division* est non-seulement toujours *possible*, mais que chacun de ces n nombres *égaux* est de 1, que le *dividende* n soit *pair* ou *impair*, puisque n = n • 1 ; Ainsi 12 = 12 • 1, 13 = 13 • 1, etc.; c'est là un *axiome* ou une *notion* du *sens commun*.

D'autre part : c'est aussi un *axiome* qu'aucun nombre ne se *divise* EN un nombre de parties égales *plus grand* que lui. Ainsi, puisque 13, par exemple, se *divise* EN 13 nombres *égaux*, chacun de 1, le nombre 13 ne peut se *diviser* EN 14 parties égales, car chaque partie devrait être *plus petite* que 1 ; or il n'existe point de nombre *plus petit* que 1 qui est *indivisible*.

Donc : pour qu'un nombre n *pair* ou *impair*, soit de *ceux* dont la *division* EN k parties égales soit *possible*, il faut pour 1re *condition* qu'il soit *plus grand* que k, et il s'agit de *prouver* que lorsque le *dividende* n est *impair* et le nombre k de parties égales *plus petit* que lui, *pair*, cette *division* EN est *impossible*, il y a toujours une *part* de *plus*, ainsi qu'il est dit au 2°.

(1) Ainsi, les nombres 11, 12, 13, par exemple, ne peuvent se *diviser* EN 5 parties égales. Ils se *divisent* EN 6 *parts*, une de *plus*, dont 5 *égales*, chacune de 2, et la 6e *part* ou *part* en *plus* est de 1 pour 11, puisque 5 • 2 + 1 = 11 ; de 2 pour 12, puisque 5 • 2 + 2 = 12 ; et de 3 pour 13, puisque 5 • 2 + 3 = 13

Et vous voyez que la *part* en *plus* est *plus petite* que 5, nombre de *parts égales* demandé ; et *plus petite*, *égale* ou *plus Grande* que chacune des *parts égales*, puisqu'elles sont de 2

Or, cela est *impossible*, parce que le *facteur* k étant *pair*, le *produit* k • h serait un nombre *pair* [487], lequel ne pourrait être *égal* au nombre n qui est *impair*.

On peut dire aussi :

On ne saurait avoir n = k • h, n étant *impair* et k *pair*, car on aurait n = h • k, en vertu du *principe* de l'*intervertissement*; de sorte que le nombre *impair* n étant *multiple* du nombre *pair* k, puisque h est *plus grand* que 1, devrait se *diviser exactement* PAR k, qu'il contiendrait h *fois*, ce qui serait en *contradiction* avec la *proposition* du n° 501.

Ainsi, retenez-le bien : de même qu'aucun nombre *impair* n NE PEUT se *diviser exactement* PAR un nombre *pair* k *plus petit* que lui, et que cette *division* donne toujours pour *reste* un nombre *impair* r *plus petit* que k :

De même, IL NE PEUT se *diviser* EN un nombre *pair* k de parties égales *plus petit* que lui ; aussi, nous allons voir que l'*opération* pour une *telle division* EN qui est *impossible* donne toujours k + 1 *parts*, tel qu'il est dit au 2° ci-dessus.

DÉMONSTRATION du 2°. En effet : le nombre *impair* n *divisé* PAR le nombre *pair* k donne-t-il véritablement pour *quotient* h *fois*, et pour *reste* un nombre *impair* r *plus petit* que k?

On a donc l'équivalence *vraie* n = h • k + r (A).

Et par conséquent celle-ci est *vraie* aussi, en vertu du *principe* de l'*intervertissement* :

$$n = k \cdot h + r \ (B)$$

Or l'équivalence (B) nous dit, d'une part : que le nombre *impair* n est *plus grand* que k • h, puisqu'il contient le nombre r de plus ;

D'autre part : qu'il est *plus petit* que k • (h + 1) ; car k • (h + 1) c'est k • h + k ; or k • h + r ou n est *plus petit* que k • h + K, puisque r est *plus petit* que k

Et puisque le nombre *impair* n est *plus grand* que k • h et *plus petit* que k • (h + 1) : il est clair que, du moment qu'il n'existe *aucun* nombre entre h et h + 1, il n'existe *aucun* nombre que le nombre *impair* n contienne k *fois* exactement. Ce nombre *impair* n ne se composant pas de k nombres *égaux* NE PEUT donc se *diviser* EN k parties égales, ce qui *démontre* d'une autre manière ce que nous avions déjà *démontré* au 1°.

Mais, ce que nous n'avions pas *démontré* encore, et que nous voyons maintenant par l'*intervertissement* : c'est que le nombre *impair* n se *divise* EN k + 1 *parts*, dont k *égales*, chacune de h, ce qui fait k • h, et la *part* en *plus* est le nombre *impair* r lui-même, *reste* de la *division* PAR correspondante, ce qui justifie bien le 2e ci-dessus.

Ainsi : le nombre 123, par exemple, ne se *divise* pas EN 14 parties égales ou EN 14 nombres *égaux*, puisque 123 est *impair* et que 14 est *pair*.

Mais il se *divise* EN 15 *parts*, une de plus, dont 14 sont *égales*, chacune de 8, et la *part* en *plus* de 11

On voit, en effet, que 123 *divisé* PAR 14 donne pour *quotient* 8 *fois*, et pour reste 11, nombre *impair*, c'est-à-dire que $123 = 8 \cdot 14 + 11$

Donc $123 = 14 \cdot 8 + 11$, c'est-à-dire que 123 se *divise* EN 15 *parts*, dont 14 nombres *égaux*, chacun de 8, et la 15e *part* ou *part* en *plus* est le nombre *impair* 11, *reste* de la *division* PAR correspondante.

Le lecteur peut faire des exemples aussi grands qu'il voudra.

512. CONSÉQUENCE. Puisque c'est un *principe* qu'aucun nombre *impair* n ne se *divise jamais* EN un nombre *pair* k de parties égales *plus petit* que lui, mais toujours EN k + 1 *parts*, dont k sont *égales*, chacune d'un certain nombre h quelconque, et la *part* en *plus*, d'un certain nombre r qui DOIT ÊTRE *impair* et *plus petit* que k :

Si l'on cherchait, en effectuant l'*opération* de la *division* EN elle-même, à l'aide des *chiffres*, ce qui pourrait se faire, bien que ce soit incommode : *quel doit-être* ce nombre h et cette *part* en *plus* r ? Il y aurait donc *certitude absolue* qu'on s'est trompé en *calculant*, que l'*opération* est FAUSSE, si l'on avait trouvé pour la *part* en *plus* un nombre *pair*, puisqu'il doit-être *impair*. Mais cela ne veut pas dire que l'*opération* serait nécessairement exacte, si l'on avait trouvé pour la *part* en *plus* un nombre *impair*, la chose pouvant être ou ne pas être, attendu que l'*opération* pourrait être FAUSSE pour d'autres causes.

Remarquez bien toutefois : qu'attendu que, dans la *pratique*, on n'effectue *jamais* la *division* EN, même lorsque c'est *son résultat* que l'on cherche et le seul qu'on ait besoin de connaître, puisqu'on fait toujours *à sa place*, comme plus commode, la *division* PAR correspondante, dont le *résultat* nous permet de connaître *celui* de la *division* EN, que celle-ci soit *possible* ou *impossible* : il S'ENSUIT que la THÉORIE de l'*erreur*, quant à l'*espèce* du *résultat* d'une *division* PAR que j'ai exposée précédemment, n'est pas à renouveler pour la *division* EN, puisqu'on ne la fait *jamais* elle-même ; cette THÉORIE ne s'applique donc qu'à la *division* PAR, soit que ce soit *son résultat* à elle que l'on *cherche*, soit qu'on ne le cherche que *transitoirement*, afin de connaître par lui le *résultat* de la *division* EN correspondante.

Ainsi : en outre de la *division* d'un nombre *impair* n EN un nombre *pair* k de parties égales qui est *impossible* comme nous venons de le voir, il y a encore les 3 *cas* suivants où cette *division* EN est tantôt *possible* et tantôt *impossible*, mais le plus souvent *impossible*, ce qui dépend du *dividende* et du *diviseur* EN qui sont en jeu :

Division d'un nombre *pair* EN un nombre *impair* de parties égales *plus petit* que lui.

Division d'un nombre *pair* EN un nombre *pair* de parties égales *plus petit* que lui.

Division d'un nombre *impair* EN un nombre *impair* de parties égales *plus petit* que lui.

Veut-on savoir, par exemple : si les 2 nombres 156 et 166 *peuvent se diviser* ou *non* EN 13 parties égales ?

Ici, le *dividende* est *pair* et le *diviseur* EN *impair*.

On *divise* 156 et 166 PAR 13, ce qui est la *division* PAR correspondante ; et comme 156 = 12 • 13, et aussi 13 • 12 : on sait par là que 156 se *divise* EN 13 nombres *égaux*, chacun de 12

Au contraire : comme 166 = 12 • 13 + 10, et aussi 13 • 12 + 10 : on sait par là que 166 ne se *divise* pas EN 13 parties égales, mais EN 14 *parts*, dont 13 *égales*, chacune de 12, et la *part* en *plus* de 10

Veut-on savoir : si les 2 nombres 252 et 268 *peuvent* se *diviser* ou *non* EN 18 parties égales ?

Ici, le *dividende* et le *diviseur* EN sont *pairs* l'un et l'autre.

On *divise* 252 et 268 PAR 18 ; et comme 252 = 14 • 18, et aussi 18 • 14 : on sait par là que 252 se *divise* EN 18 nombres *égaux*, chacun de 14

Au contraire : comme 268 = 14 • 18 + 16, et aussi 18 • 14 + 16 : on sait par là que 268 ne se *divise* pas EN 18 parties égales, mais EN 19 *parts*, dont 18 *égales*, chacune de 14, et la *part* en *plus* de 16

Enfin, veut-on savoir : si les 2 nombres 357 et 377 se *divisent* ou *non* EN 21 parties égales ?

Ici, le *dividende* et le *diviseur* EN sont *impairs* l'un et l'autre.

On *divise* 357 et 377 PAR 21 ; et comme $357 = 17 \cdot 21$, et aussi $21 \cdot 17$: on sait par là que 357 se *divise* EN 21 nombres *égaux*, chacun de 17

Au contraire : comme $377 = 17 \cdot 21 + 20$, et aussi $21 \cdot 17 + 20$: on sait par là que 377 ne se *divise* pas EN 21 parties égales, mais EN 22 *parts*, dont 21 *égales*, chacune de 17, et la *part* en *plus* de 20

J'ai pris pour exemples des petits nombres pour plus de simplicité, mais le *lecteur* peut les prendre aussi grands qu'il voudra, en ayant soin d'*éviter* un *dividende impair* et un *diviseur* EN *pair*, puisqu'il n'y a pas lieu de *se demander* si un nombre *impair peut* se *diviser* ou *non* EN un nombre *pair* de parties égales *plus petit* que lui, du moment que c'est un *principe fondamental* que cette *division* EN n'est *jamais possible*, et qu'il y a toujours une *part* de *plus* que le nombre de *parts égales* qui serait *demandé* par celui qui ne connaîtrait pas ce *principe*.

513. REMARQUE importante au sujet d'une *division* à effectuer, dans laquelle le *dividende* n serait un nombre *impair* plus grand que 1, et le *diviseur* PAR ou EN un nombre *pair* plus petit que le *dividende* n

Il résulte des *propositions* 501 et 511 qu'il n'y a qu'un *arithméticien* médiocre qui peut perdre son temps :

1° A *calculer*, pour savoir si un nombre *impair* donné peut se *diviser* exactement ou NON exactement PAR un nombre *pair plus petit* que lui, également donné, puisque c'est un *principe fondamental* qu'une telle *division*, qui peut toujours se faire, ne se fait *jamais* exactement.

2° A *calculer*, pour savoir si un nombre *impair* donné peut se *diviser* ou NON EN un nombre *pair* de parties égales donné *plus petit* que lui, puisque c'est aussi un *principe fondamental* qu'une telle *division* EN est *impossible*, qu'il y a toujours une *part* en *plus* ; car, encore une fois, il serait absurde de dire d'une *division* EN qu'elle se fait *exactement* ou *non exactement*, ce langage n'étant applicable qu'à la *division* PAR.

Quand on pense qu'aucune de ces 2 *propositions* n'existe dans M. SERRET (1) qui, depuis plus de 30 ans, publie des *Traités* d'*arith-*

(1) Les autres *propositions* sur les nombres *pairs* et *impairs* ne s'y trouvent pas davantage ; mais, en revanche, on y trouve le *théorème* de FERMAT, celui de

méthique qu'il prétend avoir *revus* et *corrigés*, et mis en harmonie avec les *programmes officiels* qui contiennent *maintes affirmations* si évidemment *fausses* qu'elles sont en *contradiction* avec les *notions du sens commun*, et qu'on persiste à enseigner, bien que je les ai *signalées* en 1868, dans le 1er *volume* de mon COURS d'*arithmétique* savante, sans maître, c'est-à-dire depuis 10 ans, on ne peut que gémir de voir les MINISTRES approuver de tels programmes, au lieu de rompre avec un enseignement vicieux que la raison saine de la jeunesse repousse, ce qui la prive de la *branche* la plus utile des connaissances humaines.

Voici 2 *questions nouvelles* relatives à ces *propositions*.

Je suppose, lecteur, que votre MÈRE vous dise ceci :

Je viens d'acheter 2 *caisses* de *fruits*. Dans l'une, il y a 127 *pommes*, et dans l'autre 117 *poires*.

Peut-on les consommer en mangeant 12 *fruits* de chaque espèce, par jour? Et si OUI : pour COMBIEN de *jours* y en a-t-il ?

Sans *calculer*, vous répondriez de suite à votre mère que cela ne se peut, parce qu'il faudrait que 127 et 117 fussent *multiples* de 12, se *divisassent* exactement PAR 12 ou de 12 en 12, ce qui n'est pas, ces 2 nombres étant *impairs*, alors que 12 qui est le *diviseur* PAR est *pair* [501].

Si votre mère vous demandait alors ce qu'il y a à faire?

Vous *diviseriez* 127 et 117 PAR 12; et comme vous verriez que $127 = 10 \cdot 12 + 7$, et que $117 = 9 \cdot 12 + 9$, vous lui diriez :

Quant aux *pommes :* qu'on peut en manger 12, chaque jour, pendant 10 jours, et 7 seulement le 11e jour.

Quant aux *poires :* qu'on peut en manger 12, chaque jour, pendant 9 jours, et 9 seulement le 10e jour.

Toutefois : comme il *arrive*, pour les *poires*, que le *reste* de la *division* de 117 PAR 12 est 9, comme le nombre du *quotient* 9 *fois*, et qu'il est visible qu'on a aussi $117 = 12 \cdot 9 + 9$, c'est-à-dire $13 \cdot 9$ ou $9 \cdot 13$; vous pourriez dire à votre mère : Si vous tenez absolument à ce qu'on mange le *même nombre* de *poires*, par jour, on le peut, soit 9 par jour, pendant 13 jours, c'est-à-dire 3 de moins que vous ne vouliez, soit 13 par jour, pendant 9 jours, c'est-à-dire 1 de plus que vous ne vouliez.

Wilson, et autres encore, dont quelques Savants excentriques, sur 18 *millions* de Français mâles, auront *peut-être* besoin, dans le cours d'une longue vie. Quant aux nombres *pairs* et *impairs* que connaissent les plus ignorants, leur *théorie* n'a jamais été faite par aucun *auteur*.

Supposons, au contraire, que votre *mère* vous ait posé cette *autre question :*

Peut-on consommer les *pommes* et les *poires* EN 12 jours, en en mangeant le *même nombre*, par jour? Et si OUI : *quel est* ce nombre?

Sans *calculer*, vous lui répondriez de suite qu'on ne peut manger ni le *même nombre* de *pommes*, ni le *même nombre* de *poires*, pendant 12 jours; car il faudrait que les 2 nombres 127 et 117 pussent se *diviser* EN 12 parties égales, ce qui est *impossible*, l'opération donnant 13 *parts*, *une* de plus, dont 12 *égales*, puisque ces 2 nombres sont *impairs*, alors que 12 qui est le *diviseur* EN est *pair* [509].

Si votre mère vous demandait alors ce qu'il y a à faire?

Vous *diviseriez* ces 2 nombres PAR 12, comme pour la 1re *question*. Mais comme ce n'est pas le *résultat* de la *division* PAR, mais celui de la *division* EN que vous avez *besoin* de connaitre, vous *intervertiriez*, ce qui vous apprendrait :

$$\text{Que } 127 = 12 \cdot 10 + 7, \text{ et que } 117 = 12 \cdot 9 + 9$$

Vous diriez donc à votre *mère*, quant aux *pommes :* qu'on peut en manger, pendant 12 jours, 10 par jour, et 7 pour le 13e jour.

Et quant aux *poires :* qu'on peut en manger, pendant 12 jours, 9 par jour, et 9 aussi le 13e jour. Et comme il arrive, quant aux *poires :* que c'est 9 pour le 13e jour comme pour les 12 jours, vous lui diriez qu'on pourrait en manger le même nombre, 9 *poires* par jour, pendant 13 jours, 1 jour de plus qu'elle ne voulait; car $12 \cdot 9 + 9$ c'est $13 \cdot 9$; et comme c'est aussi $9 \cdot 13$, on pourrait en manger le *même nombre*, 13 *poires* par jour, pendant 9 jours, ce qui est 3 jours de moins qu'elle ne voulait.

Le lecteur peut faire lui-même d'autres exemples :

514. 1° TOUT nombre, sans exception, qui se *divise* EN 2 parties égales, c'est-à-dire EN 2 nombres *égaux*, est un nombre PAIR.

2° RÉCIPROQUEMENT. TOUT nombre PAIR, sans exception, se *divise* en 2 parties égales, c'est-à-dire en 2 nombres *égaux*.

DÉMONSTRATION du 1°. En effet : prenons un nombre quelconque de *marrons*, mais *tel* que sa *division* EN 2 parties égales n,n soit possible, la *virgule* marquant la *division* on le *partage* EN 2 nombres *égaux*, chacun de n;

Il est évident que le nombre *total* n'est autre que $n + n$ ou $2 \cdot n$, c'est-à-dire la *somme* de 2 nombres *égaux* ou *identiques*, chacun de n, et par conséquent un nombre PAIR, en vertu de la *définition* [452].

Or, ce qui est *vrai* pour un nombre de *marrons*, c'est-à-dire pour un nombre concret *naturel*, est *vrai* aussi pour un nombre concret *artificiel*, c'est-à-dire pour un nombre abstrait *lié* à une *unité*, et aussi pour un nombre purement *abstrait*. Le 1° est donc justifié.

DÉMONSTRATION du 2°. En effet : un nombre ne peut être PAIR qu'à la *condition* d'être la *somme* de 2 nombres *égaux* ou *identiques* : n + n [452]; or un *tel* nombre se *divise* évidemment EN 2 parties égales n, n, chacune de n, ce qui justifie le 2°.

515. 1° A l'exception du nombre 2 : tout autre nombre PAIR, plus grand que 2, se *divise* exactement PAR 2, c'est-à-dire de 2 en 2

Le nombre 2 est *exclu* de cette *proposition*, par la raison qu'un nombre ne se *divise* pas PAR lui-même, c'est-à dire PAR un nombre *égal* à lui.

2° RÉCIPROQUEMENT : TOUT nombre, qui se *divise* exactement PAR 2 ou de 2 en 2, est un nombre PAIR *plus grand* que 2

DÉMONSTRATION du 1°. En effet : tout nombre *pair* plus grand que 2 est compris sous la formule 2 • n + 2 ou n + n + 1 + 1, ou n + 1 + n + 1, c'est-à-dire k + k ou 2 • k, puisque n + 1 est un nombre k *plus grand* que 1

Et puisque k • 2 exprime le *même nombre* que 2 • k, et que k est *plus grand* que 1 : tout nombre *pair* compris sous la formule 2 • n + 2 étant compris sous celle k • 2 est un *multiple* du nombre 2, puisque k est plus *plus grand* que 1; un *tel* nombre se *divise* donc exactement PAR 2, puisqu'il le contient k *fois*, plusieurs *fois* exactement, ce qui justifie le 1°.

DÉMONSTRATION du 2°. Le 2° est évident. Car tout nombre qui se *divise* exactement PAR 2 contient le nombre 2 plusieurs *fois*, n *fois* exactement, il est donc *égal* à n • 2 ou 2 • n, c'est-à-dire n + n, le nombre n étant 2 *au moins*.

Un tel nombre est donc un nombre *pair* plus grand que 2, car c'est celui 4 au moins, puisque n est 2 au moins.

516. REMARQUE importante sur la *définition* des nombres *pairs* et *impairs*. — Puisque tout nombre n qui a la *propriété* de pouvoir se *diviser* EN 2 parties égales k, k est nécessairement la *somme* de 2 nombres *égaux* ou *identiques* k + k; et puisque tout nombre n qui est la *somme* de 2 nombres *égaux* ou *identiques* k + k a nécessairement la *propriété* de pouvoir se *diviser* EN 2 parties égales k, k, chacun de ces 2 *faits* étant la conséquence logique ou forcée de l'autre : il est clair qu'au lieu de DÉFINIR les nombres *pairs* et *impairs* par l'idée

de *somme* ou d'*addition*, comme j'ai fait au n° 452, on aurait le DROIT de les DÉFINIR par l'idée de *division* EN, de cette autre manière :

On appelle nombre PAIR : tout nombre qui a la *propriété* de pouvoir se *diviser* EN 2 parties égales, c'est-à-dire EN 2 nombres *égaux* ou *identiques*.

Par conséquent, on appelle nombre IMPAIR : tout nombre qui n'a pas cette propriété.

Si j'ai préféré la 1re DÉFINITION à celle-là, c'est que l'idée de *somme* ou d'*addition* est *antérieure* à l'idée de *division* EN plusieurs parties égales et plus naturelle qu'elle; de plus, elle a l'*avantage* d'avoir une *formule explicite* n + n ou 2 • n, tandis que l'idée de *division* EN 2 parties égales n'est que la conséquence logique *implicite* de cette *formule*, attendu qu'un nombre qui contient un nombre quelconque n, 2 *fois* exactement, se *divise* nécessairement EN 2 nombres *égaux*, chacun de n

517. Un nombre IMPAIR n'a point de MOITIÉ. — Cela est évident. Car, c'est lorsqu'un nombre n se *divise* EN 2 parties égales, qu'on dit de chacun de ces 2 nombres *égaux* qu'il est la *moitié* de n ; et comme ce nombre n est alors *pair* [514], il n'y a que les nombres *pairs* qui ont une *moitié*, les nombres *impairs* n'en ayant pas, puisqu'aucun d'eux ne se *divise* EN 2 parties égales (511).

518. TOUT nombre IMPAIR n, plus grand que 1, est la SOMME de 2 nombres *consécutifs*, et il se *divise* par conséquent EN 2 parties *inégales*, c'est-à-dire EN 2 nombres *inégaux* dont la *différence* est 1 seulement.

DÉMONSTRATION. En effet : tout nombre *impair* plus grand que 1 est compris sous la *formule* 2 • n + 1, c'est-à-dire n + n + 1, et le plus petit de tous, quand n est 1, est le nombre 3; or un nombre *impair* est évidemment la *somme* des 2 nombres *consécutifs* n et n + 1, et par conséquent il peut se *diviser* EN 2 nombres *inégaux* dont l'un est n et l'autre n + 1, dont la *différence* est 1 seulement.

Remarquons que si le *plus petit* n est *impair* : le *plus grand* n + 1 est le nombre *pair* suivant; et si le *plus petit* n est *pair* : le *plus grand* n + 1 est le nombre *impair* suivant.

Ainsi 3 est la *somme* des 2 nombres consécutifs 1 et 2; 5 est la *somme* des 2 nombres consécutifs 2 et 3, et ainsi de suite.

519. Un nombre IMPAIR plus grand que 1 étant donné : la MOITIÉ du nombre PAIR précédent est le *plus petit* des 2 nombres consécutifs dont ce nombre IMPAIR est la SOMME; tandis que la MOITIÉ du

nombre **PAIR** suivant est le *plus grand* des 2 nombres consécutifs dont ce nombre **IMPAIR** est la **SOMME**.

DÉMONSTRATION. En effet : d'une part, tout nombre *impair* 2•n + 1 a pour nombre *pair* précédent 2 • n dont la *moitié* est n qui est bien le *plus petit* des 2 nombres consécutifs n et n + 1, dont la *somme* est le nombre *impair* 2•n + 1, quel qu'il soit.

D'autre part : il a pour nombre *pair* suivant 2 • n + 2 dont la *moitié* est évidemment n + 1 qui est bien le *plus grand* des 2 nombres consécutifs n et n + 1, dont la *somme* est le nombre *impair* 2•n + 1, quel qu'il soit.

Ainsi : veut-on savoir *quels sont* les 2 nombres consécutifs, dont le nombre 37 est la *somme*, ou qui se *divise* EN 2 parties *inégales* qui ne diffèrent que de 1?

Le nombre *pair* précédent étant 36 : on le *divise* par 2 ; et comme 36 = 18 • 2 ou 2 • 18, et se *divise* par conséquent EN 2 nombres *égaux*, chacun de 18 qui est donc la *moitié* de 36, on sait par là que 18 et 19 sont les 2 nombres consécutifs dont le nombre 37 est la *somme ;* et aussi que 37 se *divise* en 2 nombres *inégaux* 18 et 19 dont la *différence* est 1

En opérant sur le nombre *pair* précédent, ce qui est le plus naturel, on trouve 18 qui est le *plus petit* des nombres consécutifs. Si on opérait sur le nombre *pair* suivant 38, on trouverait 19 qui est le *plus grand* des 2 nombres consécutifs, et le *plus petit* serait 18

520. QU'APPELLE-T-ON *petite moitié* ou *grande moitié* d'un nombre IMPAIR ?

Tout nombre *impair* plus grand que 1 n'ayant point de *moitié* et se *divisant* EN 2 nombres *inégaux* qui ne diffèrent que de 1 : on CONVIENT de dire du *plus petit* de ces 2 nombres *inégaux* qu'il est la *petite moitié* de ce nombre *impair*, et du *plus grand*, qu'il en est la *grande moitié*.

Ces *dénominations* sont très-naturelles et même *usuelles*. Ainsi une *mère* qui aurait 2 *enfants* et 37 *cerises*, ne pouvant les *partager* également entre eux, en donnerait la *petite moitié* ou 18 au plus jeune, et la *grande moitié* ou 19 à l'aîné ; ce serait le *partage* approchant le plus de l'*égalité* qui est impossible ici. Le plus jeune aurait donc le nombre *pair* et l'aîné le nombre *impair*.

Si elle avait eu 39 *cerises* : le plus jeune en aurait eu 19, nombre *impair*, et l'aîné 20, nombre *pair*.

Nous allons voir que ces 2 *dénominations* sont fort commodes pour exposer d'autres propriétés des nombres.

521. Aucun nombre *impair* plus grand que 3 ne se *divise* exactement ni PAR sa *petite moitié*, ni PAR sa *grande moitié*.

Et d'abord le nombre 3 est le seul qui se *divise* exactement PAR sa *petite moitié* qui est 1, puisque tout nombre plus grand que 1 se divise exactement PAR 1, c'est-à-dire de 1 en 1; mais le nombre 3 ne se *divise* pas exactement PAR sa *grande moitié* qui est le nombre *pair* 2

Démonstration. En effet: tout nombre *impair* plus grand que 3 est *compris* sous la *formule* $2 \cdot n + 1$, n étant *plus grand* que 1; de plus sa *petite moitié* est n, et sa *grande moitié* $n + 1$

Cela étant: si le nombre n est *pair*: le nombre *impair* $2 n + 1$, ne se *divise* pas exactement PAR celui n qui est *pair* [501].

Il ne se *divise* pas exactement non plus PAR celui $n + 1$; car, pour qu'il se *divisât* exactement PAR lui, il devrait le contenir *plusieurs fois*, 2 *fois* au moins: or $2 \cdot (n + 1)$ c'est $n + 1 + n + 1$ ou $2 \cdot n + 2$ qui est *déjà* un nombre *plus grand* que le nombre *impair* $2 \cdot n + 1$

Si le nombre n est *impair*: le nombre *impair* $2 \cdot n + 1$ ne se *divise* pas non plus exactement PAR n, car il devrait le contenir exactement 2 *fois* au moins; or, $2 \cdot n$ est *plus petit* que $2 \cdot n + 1$, tandis que $3 \cdot n$ ou $2 \cdot n + n$ est *déjà plus grand* que $2 \cdot n + 1$, puisque n est *plus grand* que 1, par supposition, car il s'agit d'un nombre *impair* plus grand que 3

D'ailleurs, quand n est *impair* : $n + 1$, ou la *grande moitié* du nombre *impair* $2 \cdot n + 1$, est un nombre *pair*; or le nombre *impair* $2 \cdot n + 1$ ne se *divise* pas exactement PAR un nombre *pair* [501].

La *proposition* dont il s'agit est donc justifiée.

522. Combien de nombres y a-t-il de 1 à k?

Réponse. Il y en a k, ce qui est évident.

523. Combien y a-t-il de nombres *impairs* et COMBIEN de nombres *pairs*, de 1 à k?

Réponse. Le nombre k est-il *pair*, c'est-à-dire *compris* sous la formule $2 \cdot n$? Il y en a AUTANT de *chaque espèce*, n de chaque, puisque $2 \cdot n$ se *divise* EN 2 parties égales, chacune de n

Cela est évident. Car les nombres commençant par un *impair* et finissant par un *pair*, et étant *alternatifs*, il y en a *autant* de *pairs* que d'*impairs*.

Le nombre k est-il *impair*, c'est-à-dire *compris* sous la *formule*

$2 \cdot n + 1$? Les *impairs* sont 1 de *plus* que les *pairs*, puisqu'ils commencent et finissent par un *impair*. Les *pairs* sont donc la *petite moitié* de $2 \cdot n + 1$, c'est-à-dire n; et les *impairs* sont la *grande moitié*, c'est-à-dire $n + 1$

524. 1° D'un nombre *plus petit* k à un nombre *plus grand* n, COMBIEN y a-t-il de nombres?

2° COMBIEN y en a-t-il de *pairs* et COMBIEN d'*impairs?*

RÉPONSE au 1°. — Les nombres, de k à n, sont au nombre de $n-(k-1)$ (A).

Cela est évident. Car les nombres de 1 à n sont n

Or, il faut *retrancher* de n les nombres de 1 à $k-1$ qui viennent *avant* celui k, lesquels sont au nombre de $k-1$, ce qui justifie la *formule* (A).

RÉPONSE au 2°. — Les 2 nombres k et n sont-ils d'*espèce différente?*

Comme ils commencent par une *espèce* et finissent par l'*autre*, il est évident qu'il y a AUTANT de *pairs* que d'*impairs*, puisqu'ils sont *alternatifs;* le nombre qui se place sous la *formule* (A) est donc alors un nombre *pair;* car si le nombre des *pairs* est h, *pair* ou *impair*, celui des *impairs* est h aussi; d'où suit que le nombre des *pairs* et *impairs* ensemble est $h + h$ ou $2 \cdot h$, c'est à-dire un nombre *pair*, en vertu de la *définition* (452).

Ainsi, de 5 à 20; comme $k-1$ est ici 4, il y a $20 - 4$ ou 16 nombres. Or la *moitié* de 16 étant 8, il y a 8 nombres *impairs* et 8 *pairs*.

De même, de 6 à 21; comme $k-1$ est 5, il y a $21 - 5$ ou 16 nombres, dont 8 *pairs* et 8 *impairs*.

Les 2 nombres k et n sont-ils de *même espèce?*

S'ils sont *impairs :* les nombres *impairs* sont 1 de *plus* que les nombres *pairs*, puisqu'ils commencent et finissent par un *impair*. Le nombre qui se place sous la *formule* (A) est donc alors un nombre *impair*.

Ainsi : de 7 à 21, il y a $21 - 6$ ou 15 nombres. La *petite moitie* de 15 étant 7, et la *grande moitié* 8, il y a 7 nombres *pairs* et 8 *impairs*.

S'ils sont *pairs :* les nombres *pairs* sont 1 de *plus* que les nombres *impairs*, puisqu'ils commencent et finissent par un nombre *pair*. Le nombre qui se place sous la *formule* (A) est donc encore un nombre *impair*.

Ainsi, de 8 à 22, il y a $22-7$ ou 15 nombres, et par suite 7 *impairs* et 8 *pairs*.

525. 1° **Combien** y a-t-il de nombres *intermédiaires* entre ceux k et n?

2° **Combien** de ces *intermédiaires* sont-ils *pairs* et **combien** sont-ils *impairs?*

Réponse au 1°. — Puisque les 2 *extrêmes* k et n sont *exclus*, le nombre des *intermédiaires* est 2 de *moins* que le nombre de ceux de k à n; leur nombre est donc donné par la *formule* du n° précédent, *moins* 2; c'est-à-dire par celle n — (k — 1) — 2;

Mais il est donné aussi par celle-ci qui est plus simple qu'elle:

$$n - (k + 1) \qquad \text{(B)}$$

Démonstration. En effet: le *plus petit* des *intermédiaires* entre les nombres k et n est k + 1, et le *plus grand* est n — 1;

Or, de même que les nombres, depuis celui k jusqu'à celui n, sont au nombre de n — (k — 1) [524, 1°]:

De même tous ceux, depuis celui k + 1 jusqu'à celui n — 1, sont au nombre de n — 1 — (k + 1 — 1), c'est-à-dire de n — 1 — k ou n — (k + 1), ce qui est bien la *formule* (B).

Les *applications* de cette *formule* (B) vont se présenter dans les *réponses* au 2°.

Réponse au 2°. — Les 2 nombres k et n sont-ils d'*espèce différente?*

Par la raison dite au 2° du n° précédent, il y a **autant** d'*intermédiaires pairs* que d'*impairs*, et leur nombre *total* qui se place sous la *formule* (B) est un nombre *pair*.

Ainsi: le nombre des *intermédiaires* entre 5 et 20 est 20 — 6 ou 14, dont la *moitié* est 7; il y a donc 7 *intermédiaires impairs* et 7 *pairs*.

De même: le nombre des *intermédiaires* entre 6 et 21 est 21 — 7 ou 14, dont 7 *pairs* et 7 *impairs*.

Les 2 nombres k et h sont-ils de *même espèce?*

Par la raison dite au 2° du n° précédent: s'ils sont *impairs*, les *intermédiaires impairs* sont 1 de plus que les *pairs*. Le nombre qui se place sous la *formule* (B) est donc alors un nombre *impair*.

Ainsi: entre 7 et 21, il y a 21 — 8 ou 13 *intermédiaires*. La *petite moitié* de 13 étant 6 et la *grande moitié* 7: il y a donc 6 intermédiaires *pairs* et 7 *impairs*.

S'ils sont *pairs*: les intermédiaires *pairs* sont 1 de plus que les *impairs*. Le nombre qui se place sous la *formule* (B) est donc encore un nombre *impair*.

Ainsi: entre 8 et 22, il y a 22 — 9 ou 13 *intermédiaires*. Les intermédiaires *impairs* sont donc 6 ou la *petite moitié*, et les *pairs* sont 7 ou la *grande moitié.*

526. REMARQUE. — Si l'on fait k = 1, dans la *formule* n — (k + 1) du n° précédent, on obtient celle-ci :

n — 2

qui est la *formule* du nombre des *intermédiaires* entre 1 et n

Si n est *pair :* le *plus petit* intermédiaire 2 étant *pair*, et le *plus grand* n — 1 étant *impair*, les 2 *extrêmes* 2 et n — 1 sont d'*espèce différente*, et il y a *autant* d'intermédiaires *pairs* que d'*impairs*. E en effet, quand n est *pair* et *plus grand* que 2, n — 2 est un nombre *pair* [476] qui se *divise* par conséquent EN 2 parties égales (514, 2°).

Si n est *impair :* le *plus petit* intermédiaire 2 étant *pair*, et le *plus grand* n — 1 étant *pair* aussi, les 2 *extrêmes*, 2 et n — 1, sont de *même espèce*, et les intermédiaires *pairs* sont 1 de *plus* que ceux *impairs*. Et en effet, quand n est *impair*, n — 2 est un nombre *impair* [478, 2°]

Ainsi : le nombre des *intermédiaires* entre 1 et 20 est 20 — 2 ou 18; les 2 *extrêmes* étant 2 et 19, c'est-à-dire d'*espèce différente*, il y a donc *autant* de *pairs* que d'*impairs*, 9 de chaque espèce, puisque la *moitié* de 18 est 9

Le nombre des *intermédiaires* entre 1 et 21 est 21 — 2 ou 19; les 2 *extrêmes* étant 2 et 18, c'est-à-dire de *même espèce*, les nombres *pairs* sont donc 1 de *plus* que les *impairs;* ils sont donc 10 ou la *grande moitié* de 19, et les *impairs* 9 ou la *petite moitié.*

Remarquez que toutes les *propositions* qui ont suivi celles du n° 468 au n° 496 *portent* comme elles sur des *propriétés* qu'ont les nombres *en soi*, puisque la *démonstration* des unes comme des autres en a été faite *indépendamment* de tout *système* de *numération chiffrée* que l'on adopte pour *exprimer* les nombres; elles sont donc *vraies*, quel que soit le nombre *pair* ou *impair* qui serve de BASE pour les exprimer. Si j'ai pris tous les exemples, dans notre *système*, dont la BASE est le nombre *pair dix*, c'est qu'il est le *seul* en usage parmi les *peuples* de l'*Europe* et de l'*Amérique*. Pour abréger, je n'ai mis en jeu que des *petits* nombres, mais le *lecteur* peut en prendre d'aussi *grands* qu'il voudra.

J'ajoute que toutes les propositions que j'ai exposées jusqu'à présent sur les nombres *pairs* et *impairs* sont *élémentaires* et *utiles* à connaître, voyons maintenant ce qu'en dit M. SERRET.

527. Qu'enseigne M. Serret sur les nombres *pairs* et *impairs?*

Réponse. *Rien, rien, rien.*

Si le lecteur en doute, je l'engage à lire són *édition* de 1875 qui contient sa dernière pensée; il y verra qu'il n'y consacre même pas un article spécial à la *définition* de ces 2 *espèces* de nombres, elle y arrive *incidemment* à son n° 83 qui est consacré à toute autre chose; et quelle *définition* en donne-t-il? c'est à peine croyable, vous allez en juger :

1° Un nombre est dit *pair* ou *impair*, suivant qu'il est *divisible* ou *non divisible* PAR 2

2° D'après cela, on voit qu'un nombre est *pair* ou *impair*, suivant que le chiffre de ses *unités* est *pair* ou *impair.*

3° Zéro, 0, est *considéré* comme un chiffre *pair.*

Voilà toute sa doctrine, car il n'y revient plus. Ainsi un sujet, qui a demandé environ 100 *pages*, est donné par lui en 5 *lignes* contenant 3 *points* ou *affirmations* (1) que j'ai *numérotées*, dans l'intérêt de ma critique, attendu que ce sont autant d'*erreurs* ou d'idées *fantaisistes* que l'*arithmétique* repousse.

Quant au 1° : je n'attaque pas, dans sa *définition*, le droit qu'il s'attribue de sous-entendre le mot *exactement*, puisqu'il s'y est autorisé par son n° 76. J'observe toutefois qu'il n'est pas *correct* de sous-entendre, dans un intérêt mercantile, le mot le plus important d'une *définition.*

Ainsi, cette *idée-mère* des nombres *pairs* et *impairs*, dont la fécondité est si merveilleuse et si utile à connaître, puisqu'il a fallu environ 100 pages pour développer sa *filiation*, n'engendre plus, dans la doctrine de M. Serret, que 3 *avortons*, ainsi que je vais le prouver.

Et d'abord : j'attaque cette *définition* comme très-mauvaise, en vertu de ce *principe* connu de tous les penseurs : qu'une bonne définition doit convenir à tous les *êtres définis*, et ne convenir qu'à *eux*. Or le nombre 4 est le *plus petit* ou le premier de tous les nombres qui se *divisent* exactement PAR 2 qu'il contient 2 *fois*, puisque

(1) Pendant plus de 30 ans, dans ses *éditions* successives, il a formulé une 4e *affirmation* qui est celle-ci : il est évident que les nombres sont alternativement *pairs* et *impairs.*

Il s'est aperçu, sans doute, que cette affirmation *vraie* n'était pas pour cela *évidente*, et il l'a *supprimée* pour n'être pas tenu d'en donner la *démonstration* qui eût contrarié son but : *faire un traité d'arithmétique en un seul volume*, afin qu'il soit plus aisément vendable, et pour un tel but, il tronque la *vérité* et il obscurcit la science.

2 + 2 ou 2·2 c'est 4. De même 6 est le nombre suivant qui se *divise* exactement PAR 2 qu'il contient 3 *fois*, puisque 2 + 2 + 2 ou 3·2 c'est 6; et ainsi de suite.

Cette *prétendue définition* convient donc, sans doute, à tous les nombres *pairs* plus grands que 2, et ne convient qu'à *eux;* mais elle *exclut* celui 2 qui ne se *divise* pas PAR 2; or, le nombre 2, *exclu* par M. Serret, est le plus petit ou le 1er de tous les nombres *pairs*, et c'est justement *celui* qui est connu de tout le monde, même des personnes les plus étrangères à la science, puisqu'on dit une *paire* de *gants*, une *paire* de *pigeons*, une *paire* de *bœufs*, et enfin, de toutes choses *semblables :* les *deux* font la *paire.*

Comme vous voyez, lecteur, M. SERRET a la main fort malheureuse. Ayant à choisir entre 2 *définitions parfaites*, comme vous l'avez vu à la *remarque* du n° 516, il prend de préférence une 3e *définition* qui ne vaut rien, puisqu'elle ne convient pas à tous les nombres *pairs*, et qu'elle *exclut* le plus connu de tous.

Mais, dira M. SERRET : mon opinion est que tout nombre se *divise* exactement PAR lui-même, et par suite, que le nombre 2 se *divise* exactement PAR 2, et est par conséquent un nombre *pair.* Prouvez-le, Monsieur, car le mot *diviser*, *partager* s'y oppose, et toute *affirmation* vraie qui n'est pas un *axiome* se prouve dans la science qui n'est pas tenue d'accepter vos *fantaisies.* Or, si c'est un *axiome* que le nombre 2 contient *une fois* exactement le nombre 2, d'où suit que 2 = 1·2, ce n'est pas un *axiome* que 2 se *divise* exactement PAR 2; il ne se *divise* PAR 2, ni exactement, ni non exactement. Je vous donne 2 *œufs* ou 2 *hommes*, et je vous porte le *défi* de les *diviser* PAR 2, car il faut faire 2 *parts* au moins, *égales* ou *inégales*, pour qu'il y ait *division* ou *partage.* Si je vous en donnais 3, vous pourriez les *diviser* PAR 2, puisque 3 est *plus grand* que 2, et alors il y aurait 2 *parts* inégales, l'une de 2 *œufs* ou de 2 *hommes*, et l'autre de 1 seul. Mais avec 2 *œufs* ou 2 *hommes :* si l'une des 2 *parts* POUVAIT ÊTRE de 2 *œufs* ou de 2 *hommes*, il faudrait donc que l'autre *part* fût *zéro* ou *rien; zéro* ou *rien* entendez-vous ! or, si vous étiez l'un des héritiers légitimes d'un parent qui eût *testé* ainsi : je laisse pour héritage 2 *maisons* dont on fera 2 *parts.* L'une des 2 *parts* comprenant les 2 *maisons*, je la lègue à la sœur de M. SERRET, et l'autre *part* à M. SERRET lui-même. Je suis certain que vous demanderiez la *nullité* de ce testament comme n'étant pas l'*acte* d'un esprit *sain;* et il serait *cassé*, je suppose, à moins que le *testateur* n'eût expliqué, dans l'acte même, pour quels *griefs* il vous traitait si ironiquement.

Mais, s'il en est ainsi, pourquoi enseignez-vous à vos *disciples* que le nombre 2 se *divise* PAR 2, et en général que tout nombre se *divise* PAR lui-même ?

Direz-vous qu'en enseignant que le nombre 2 se *divise* PAR 2, vous entendez qu'il se *divise* EN 2 parties égales, de même qu'en enseignant que celui 13, par exemple, se *divise* PAR 13, vous entendez qu'il se *divise* EN 13 parties égales, attendu que vous avez eu le soin de *définir* la *division* de telle manière que les 2 *sortes* se trouvent confondues en une seule ?

Et où puisez-vous le *droit* de la *définir* ainsi ? le mot *division*, *partage*, n'est-il pas un mot vulgaire dont vous détruisez le *sens*, sans daigner dire à vos disciples, dans quel intérêt vous lui en attribuez un autre que le sien ? c'est encore là une *idée fantaisiste*, puisque chacune des 2 *sortes* de *divisions* a sa *raison d'être* dans l'esprit humain, sans quoi la *langue-mère* ne les exprimerait pas différemment. Pourquoi donc n'auraient-elles pas aussi leur *raison d'être* dans la science ? Cette *raison d'être* y existe si bien, elle y est si nécessaire, que c'est surtout cette confusion que vous faites de 2 idées *distinctes* qui rend votre interprétation de l'*arithmétique* obscure et vicieuse. Sans doute, dans la pratique, tout *calculateur* qui a besoin de connaître le *résultat* d'une *division* EN, dans le concret, car le *dividende* est toujours un nombre concret, dans la pratique, effectue, *à sa place*, la *division* PAR correspondante, dans l'abstrait ; mais il agit ainsi sciemment, volontairement, parce que la *division* PAR effectuée à l'aide des *chiffres* lui est plus commode que la *division* EN, et que de son *résultat*, il déduit de suite celui de la *division* EN, le seul dont il ait besoin ; or, il ne résulte pas de cet *acte* de liberté et de raison que les 2 *sortes* de *divisions* se confondent en une seule ; il constate, au contraire, que la *division* PAR, lorsque ce n'est pas son *résultat* à elle qu'on a besoin de connaître n'est que *transitoire*, puisqu'elle sert à connaître celui de la *division* EN, qui est celui que l'on cherche.

Ainsi, la *division* PAR 2 ou de 2 en 2 de tout nombre *plus grand* que 2 est toujours *possible ;* seulement, elle se fait exactement si le *dividende* est *pair*, et non exactement s'il est *impair*, puisqu'alors elle donne pour *reste* 1 ; 12 *divisé* PAR 2 donne pour *quotient* 6 *fois*, sans *reste*, puisque $12 = 6 \cdot 2$; 13 *divisé* PAR 2 donne pour *quotient* 6 *fois*, et pour *reste* 1, puisque $13 = 6 \cdot 2 + 1$

Les choses sont-elles les mêmes pour la *division* EN que vous confondez avec la *division* PAR, dans votre *définition* de la *division?* voyons, examinons :

La *division* de 12 EN 2 parties égales est *possible*, et elle donne pour chacune d'elles, dite la *moitié* de 12, le nombre 6, puisque $12 = 2 \cdot 6$; car, par la *division* EN, on cherche un *combien*, et non un *combien* de *fois* que l'on cherche seulement par la *division* PAR; or le *combien*, le nombre 6, est-il la même chose que le *combien* de *fois*, que 6 *fois ?*

Quant à la *division* du nombre 13 EN 2 parties égales ou EN 2 nombres *égaux*, *celle-là* est à jamais *impossible*, il y a une *part* de *plus*, savoir :

2 parts égales, chacune de 6, et la *part* en *plus* de 1, puisque $13 = 2 \cdot 6 + 1$

Or, est-ce que 6 est la même chose que 6 *fois ?* et une *division* EN *impossible* est-ce la même chose qu'une *division* PAR *possible ?*

Je sais bien que 6 *fois* et 6 ne diffèrent que par l'*idée* de *fois* que vous supprimez arbitrairement, parce qu'elle vous gêne, dans le but que vous poursuivez, bien qu'elle joue un rôle immense et nécessaire dans la langue scientifique comme dans la langue parlée; mais passons au *concret* qui rendra cette *suppression* plus criante encore.

Je suppose que votre *salon* a 10 *mètres* de *longueur*. Si on le divise mentalement PAR 2 *mètres* ou de 2 *mètres* en 2 *mètres*, on trouve qu'il contient la longueur 2 *mètres*, 5 *fois* exactement, puisque 5 · 2 *mètres* = 10 *mètres*.

Si on le *divise*, au contraire, EN 2 parties égales, on trouve que chacune d'elles, dite la *moitié* de 10 *mètres*, est de 5 *mètres*, puisque 2 · 5 *mètres* = 10 *mètres*.

Or, est-ce que 5 *mètres* est la même chose que 5 *fois* ou que 5?

Certes, vous ne parviendriez pas à le faire croire à vos disciples, aussi avez-vous le soin de vous tenir dans l'*abstrait*, parce qu'il vous est plus facile de leur faire *avaler* que 5 *fois* et 5 sont la même chose, que de leur faire *avaler* que 5 *mètres*, 5 *livres*, etc., sont la même chose que 5 *fois* ou 5; vous espérez que la *suppresssion* d'une chose aussi *futile* pour vous que le *point* ou l'*idée* de *fois* sera aussi sans importance pour eux, en quoi vous avez grand tort, car c'est dans l'*idée* de *fois* que se trouve la lumière (1).

(1) La *théorie* des nombres *pairs* et *impairs* fait ressortir d'une manière éclatante combien il est avantageux d'exprimer l'idée de *fois*, et de le faire par le *Signe* ·, c'est-à-dire d'écrire $5 \cdot 4$, $a \cdot b$, ce qui met les bœufs *devant* la charrue, au lieu de 4×5, $b \times a$. ce qui met la charrue *devant* les bœufs.

Je ne continue pas la *discussion* des différences qui existent entre les 2 *sortes* de *divisions*, puisque je les ai signalées précédemment, et qu'il est établi surabondamment que la *définition* par laquelle M. Serret confond les 2 *sortes* en une seule est aussi mauvaise que sa *définition* des nombres *pairs* qui, en excluant celui 2, le *range*, par cela même, parmi les nombres *impairs*, puisque c'est une vérité incontestable que le nombre 2 ne peut se *diviser* PAR 2, ni exactement, ni non exactement, la fantaisie de M. Serret n'étant pas suffisante pour que cela soit possible.

Quant au 2° : c'est aussi une *idée fantaisiste* non moins audacieuse que celle du 1°.

Tandis qu'un *chiffre* est dit *pair* ou *impair*, selon qu'il sert à exprimer un nombre *pair* ou un nombre *impair*, car un *chiffre* n'étant pas *pair* ou *impair* par sa propre vertu comme un nombre doit tirer sa *dénomination* de celle du nombre qu'il exprime, M. Serret renverse ce fait naturel, il fait dépendre ici l'*espèce* du nombre de la *dénomination* du *chiffre* de ses *unités simples*, puisque, au lieu de dire qu'un nombre est *pair* ou *impair*, selon que le nombre de ses *unités simples* est *pair* ou *impair*, il dit, selon que le *chiffre* de ses *unités* est *pair* ou *impair*.

D'ailleurs, alors même que la *rédaction* en serait correcte, en quoi ce *fait vrai* serait-il évident?

Il n'y a que les *axiomes* qui soient évidents, parce que l'évidence existe alors dans la *valeur* même que nous attribuons aux *mots* qui constituent l'*affirmation*. Ainsi la ligne *droite* est la plus *courte* d'un point à un autre; le *tout* est *plus grand* que sa *partie;* aucun nombre ne se *divise* PAR un nombre *plus grand* que lui, ni même *égal* à lui, mais il se *divise* PAR un nombre *plus petit* que lui, soit exactement, soit non exactement, etc., etc., sont de *vrais axiomes*, c'est-à-dire des vérités acceptées de suite par tout le genre humain. Mais certes, ce n'est pas un *axiome* qu'un nombre soit *pair* ou *impair*, suivant que le nombre de ses *unités simples* est *pair* ou *impair*. C'est là une *vérité*, sans doute, dans notre *système* de *numération chiffrée* qui a pour *base* le nombre *pair dix*, et dans tout autre *système* dont la *base* serait aussi un nombre *pair;* mais cette vérité a besoin d'être *démontrée*, après avoir dit d'*abord* quels sont les *nombres* qui sont dits *pairs* et ceux dits *impairs*, ce que M. Serret oublie de faire, de sorte que si ses *disciples* ne le savaient pas, par instinct, ils seraient fort embarrassés.

J'ajoute que cette vérité est d'autant plus à *démontrer* que ce serait une *erreur* dans un *système* dont la *base* serait un nombre *impair*. Ainsi, dans la *base onze*, par exemple, 17 exprime le nombre *pair* 18, bien que le *chiffre* des *unités simples*, 7, soit un chiffre *impair;* car 1 au 2e *rang* y valant *onze*, par *convention*, 17 vaut 11 + 7 ou 18.

Quant au 3° : le mot *considéré*, dans l'application qu'en fait M. Serret, est plus que ridicule, la science n'admettant pas des mots de cette espèce. Considéré *par qui* et *pourquoi?* M. Serret est muet sur ces 2 points, mais je puis répondre pour lui.

Il est considéré comme chiffre *pair* par M. Serret, c'est encore là une de ses *fantaisies*, seulement ici sa fantaisie tombe juste, et voici pourquoi :

Je l'ai appelé, moi, avec raison, chiffre *neutre*, parce qu'un chiffre est dit *pair* ou *impair*, suivant qu'il exprime un nombre *pair* ou *impair;* cette dénomination a donc sa *raison d'être*, quant aux chiffres *significatifs*, mais le chiffre 0 n'exprimant aucun nombre est donc un chiffre *neutre*.

D'ailleurs, si je ne puis le *considérer* comme un chiffre *pair*, puisqu'il ne l'est pas, j'ai du moins le *droit* de dire de lui qu'il *marche* avec les chiffres *pairs*, en en donnant la raison. Pourquoi ai-je ce *droit?* parce que, dans toute *base* à nombre *pair*, comme dans toute *base* à nombre *impair*, l'*espèce* du nombre exprimé est *la même*, que le 1er chiffre de *droite* soit le chiffre *neutre* 0 ou un chiffre *pair*. Ainsi, dans notre *système* dont la *base* est le nombre *pair* 10 : que le 1er chiffre de *droite* soit celui 0 ou un chiffre *pair*, le nombre total exprimé est toujours un nombre *pair;* tandis que si le 1er chiffre de *droite* était *impair*, le nombre total exprimé serait un nombre *impair*, ce qui tient à la *convention* du *rang* et à la *proposition* 469; et il en serait de même pour toute autre *base* à nombre *pair*.

Le 0 *marche* aussi avec les chiffres *pairs*, lorsque la *base* est un nombre *impair*, et voici pourquoi :

Si l'*ensemble* des *chiffres* qui sont à la *gauche* du 1er chiffre de *droite* exprime un nombre *pair*, ce qui a lieu lorsqu'ils sont tous *pairs*, avec ou sans *zéros*, ou que les chiffres *impairs* y sont en nombre *pair :* que le 1er chiffre de *droite* soit celui 0 ou un chiffre *pair*, le nombre total exprimé sera un nombre *pair*, puisque *pair* + *zéro* fait *pair*, de même que *pair* + *pair* fait *pair ;* tandis que si le 1er chiffre de *droite* était *impair*, le nombre total exprimé serait aussi *impair*, puisque *pair* + *impair* fait *impair*.

De même : si l'*ensemble* des chiffres qui sont à la *gauche* du 1er chiffre de *droite* exprime un nombre *impair*, ce qui a lieu lorsque les chiffres *impairs* y sont en nombre *impair*, quels que soient les autres chiffres :

Que le chiffre de *droite* soit alors celui 0 ou un chiffre *pair*, le nombre total exprimé sera un nombre *impair*, puisque *impair* + *zéro* fait *impair*, de même qu'*impair* + *pair* fait *impair;* tandis que si le 1er chiffre de *droite* était *impair*, le nombre total exprimé serait *pair*, puisque *impair* + *impair* fait *pair*.

Et puisque, dans toute *base* à nombre *pair* ou à nombre *impair*, le nombre exprimé est de *même espèce*, quand le 1er chiffre de *droite* est 0 ou un chiffre *pair*, et d'*espèce différente*, quand le 1er chiffre de *droite* est 0 ou un chiffre *impair*, il est évident que le *zéro* ou chiffre NEUTRE *marche* toujours avec les chiffres *pairs*, quant à l'*espèce*.

Mais cela M. SERRET ne pouvait le dire, puisque c'est la *conséquence* de la *théorie* des nombres *pairs* et *impairs*.

Comme vous voyez, lecteur, les 3 *affirmations* de M. SERRET, et les 4 même, en y comprenant *celle* qu'il a retirée, sans dire pourquoi, n'ont pas même la valeur du chiffre *neutre*, 0 ou rien, or, c'est là tout ce qu'il enseigne à ses *disciples*, quant aux nombres *pairs* et *impairs;* aussi peut-on dire, avec vérité, que son *traité* d'*arithmétique* qu'il tient pour *raisonnée* n'est, dans une foule de *cas*, qu'un pur *barême*, et un *barême* dangereux, puisqu'il contient beaucoup trop d'*affirmations* de *fantaisie* qui faussent le jugement.

Je termine ce petit ouvrage par le *dialogue* suivant qui offrira au *lecteur* un intérêt fort réjouissant, que complétera la curieuse remarque qu'il le suit.

528. DIALOGUE supposé entre un *lecteur* de cet ouvrage et un *disciple* de M. SERRET.

Je suppose, lecteur, que vous êtes en visite chez un de vos amis, disciple de M. Serret, au moment où il vient de terminer une *division* PAR considérable et fatigante, et où il va s'occuper de la *vérifier*. Vous avez vu, d'un coup d'œil, que le *dividende* et le *diviseur* PAR sont 2 nombres *impairs*, et que le *quotient* et le *reste* qu'il a trouvés sont 2 nombres *pairs*, ce qui est le 2e *cas* du n° 508; vous avez donc la *certitude* absolue que son *résultat* est *faux*, et il va s'établir entre vous et lui le *dialogue* suivant.

VOUS. Vous allez vérifier votre *division* ?

Lui. Oui. Je crains de m'être trompé, et je veux savoir ce qui en est.

Vous. Et que ferez-vous pour le savoir?

Lui. Je ferai la *preuve*, parbleu!

Vous. Et si la *preuve* réussit, aurez-vous la *certitude* que le *résultat* que vous avez trouvé est le *vrai?*

Lui. Non pas la *certitude*, puisque M. Serret enseigne que non, mais une très-grande présomption qu'il en est ainsi.

Vous. Et par conséquent, vous vous en tiendrez à votre *preuve?*

Lui. Sans doute. Car lorsque la *preuve* confirme le *résultat* trouvé, il faut bien s'en tenir là, à moins de calculer éternellement.

Vous. Mais on peut se tromper dans la *preuve* de la *division* comme on s'est trompé dans la *division* elle-même, et cette *erreur* pourrait bien être *telle* qu'elle fît croire *vrai* un *résultat* qui serait *faux.*

Lui. Sans doute, mais cela n'est pas probable. D'ailleurs, feriez-vous autrement en pareil cas?

Vous. Dans votre *cas* que j'ai là sous les yeux, bien certainement je ferais autrement.

Lui. Et que feriez-vous?

Vous. Je saurais qu'il n'y a pas lieu de *vérifier* si votre résultat est *vrai* ou *faux*, mais de le *rectifier*, car j'ai la *certitude* qu'il est *faux.*

Lui. Vous voulez rire, sans doute?

Vous. Vous vous trompez sur mon *intention* comme vous vous êtes trompé dans votre *division.*

Lui. Je vois que c'est un parti pris chez vous de me plaisanter, mais je vous pardonne, parce que nous sommes en *avril*, et que c'est, sans doute, un gros *poisson* d'*avril* dont vous me gratifiez par votre visite.

Vous. Non encore une fois, je ne plaisante pas en matière aussi sérieuse, et surtout avec un ami tel que vous. Je vous affirme donc sur l'honneur que votre *résultat* est *faux.*

Lui. Cela devient sérieux. Et comment le savez-vous, puisque vous n'avez pas fait la *division.*

Vous. Il n'est pas nécessaire que je la fasse pour avoir la *certitude* qu'elle est *fausse.* J'affirme donc que l'un des 2 au moins, du *quotient* et du *reste* que vous venez de trouver est *faux*, et peut-être même sont-ils *faux* tous les 2; aussi, au lieu de faire la *preuve*, je vous engage à recommencer l'opération, non pour la *vérifier*, mais pour la *rectifier*, puisqu'elle est *fausse*.

Lui. Je vais la recommencer. Il calcule de nouveau, et au lieu de 2 nombres *pairs* qu'il avait trouvés d'abord pour *quotient* et pour *reste*, il trouve maintenant 2 nombres *impairs*, ce qui est le 3e *cas* du n° 508. Il se tourne donc vers vous et vous dit : vous aviez raison, ils étaient *faux* tous les 2

Vous. Et qu'allez-vous faire maintenant?

Lui. Je vais faire la preuve.

Vous. Gardez-vous en bien, car il n'y a pas encore lieu.

Lui. Et pourquoi pas?

Vous. Parce que j'ai aussi la *certitude* que votre 2e *résultat* est *faux* comme le 1er; il n'y a donc pas lieu de le *vérifier*, mais de le *rectifier*.

Lui. Je vais la recommencer une 3e fois, car je prends confiance dans vos affirmations; et après avoir calculé de nouveau, il vous dit : vous êtes donc *sorcier*, car je trouve maintenant un *résultat* différent des 2 précédents. Que pensez-vous de *celui-là?*

Vous. Je vous déclare d'abord que je ne suis pas *sorcier;* je sais seulement des choses que vous ne savez pas, puisque M. Serret n'a pu vous les enseigner; c'est là une *idée* toute nouvelle, dont le *père* est un homme de 83 ans qui dévoue sa veillesse à l'instruction de la jeunesse; et comme vous voyez qu'il vient de trouver pour *résultat* 2 nombres d'*espèce différente*, mais *tels* qu'en *multipliant* le nombre exprimé par le 1er chiffre de *droite* du *diviseur* par celui qu'exprime le 1er chiffre de *droite* du *quotient*, et ajoutant au *produit* le nombre exprimé par le 1er chiffre de *droite* du *reste*, vous voyez, d'un coup d'œil, qu'on ne retrouve pas le 1er chiffre de *droite* du *dividende*, vous lui dites : votre 3e *résultat* est encore à *rectifier*, car il est *faux* comme les 2 précédents.

Lui. J'ai une foi aveugle dans vos affirmations, et pour vous le prouver, je recommence l'*opération* une 4e fois, bien que ce soit fort ennuyeux. Il calcule de nouveau, et trouvant un *résultat* différent des 3 précédents, il vous dit : Vous aviez encore raison, mais que pensez-vous de *celui-là*, suis-je enfin délivré?

Vous. Comme le *quotient* et le *reste* qu'il a trouvés sont d'*espèce différente*, et que le chiffre de *droite* du *diviseur*, du *quotient* et du *reste*, sont maintenant *tels* que vous voyez, d'un coup d'œil, que le

1er chiffre de *droite* du *dividende* se trouve *reproduit*, vous lui dites :

Quant à votre 4e *résultat*, je n'ai ni la *certitude* qu'il soit *faux*, ni la *certitude* qu'il soit *vrai*, je suis dans le *doute*, quant à *celui-là ;* il peut être *vrai*, il peut être *faux*, je l'ignore, *mon savoir est épuisé;* vous n'avez donc pas à le *rectifier*, mais à le *vérifier*, en faisant ce qu'on appelle improprement la *preuve* (1).

Lui. Après avoir fait la *preuve* qui confirme le 4e *résultat*, il vous demande si vous avez quelque observation à lui faire.

Vous. Aucune. Je pense qu'il y a *presque certitude* que vous avez enfin le résultat *vrai*. Quant à la *certitude absolue*, logique ou mathématique, la science est impuissante à la donner ; mais elle enseigne, dans *certains cas*, comme vous venez de le voir, et c'est beaucoup, qu'il y a *certitude absolue* que le résultat trouvé est *faux. Dans certains cas seulement*, entendez-le bien ; car si elle l'enseignait, dans *tous les cas* où il est *faux*, c'est une *notion* du *sens commun* qu'elle enseignerait, par cela même, avec *certitude*, quand le *résultat* trouvé est le *vrai;* or cela est à jamais impossible, la science apprenant à *raisonner* juste, et non à *calculer* juste.

Lui. Je vous remercie de la *leçon* que vous venez de me donner. Mais, comment, sans calculer, avez-vous pu connaître que les 3 premiers *résultats* que j'ai trouvés étaient faux ?

Vous. Si je vous le disais, vous ne vous contenteriez pas du simple *fait;* je vous connais et je vous tiens pour un homme à qui il répugne de jouer le rôle d'un *perroquet*; vous me demanderiez la *raison* du *fait*, or il serait trop long de vous la donuer.

Lui. Mais dites-moi du moins dans quel *auteur* vous avez appris toutes ces choses qui ont une haute valeur pour les *calculateurs.*

Vous. Je les ai apprises de l'*auteur* du Cours d'*arithmétique* savante, sans maître. Le Commandant Guy, auteur de ce Cours, vient d'en publier séparément un *extrait* que l'on comprend comme son *Cours* lui-même à la seule lecture, et qui a pour titre : Théorie toute nouvelle des nombres *pairs* et *impairs*. Toute personne qui aurait lu ce *petit livre* de 130 *pages* environ, ne connût-elle aucune

(1) Il n'est pas correct d'appeler *preuve* comme le fait M. Serret, une opération qu'il reconnait lui-même ne rien prouver, qui n'est qu'une *vérification*. Que d'*élèves* sont induits *en erreur* par ce mot *preuve* auquel ils attribuent toute sa force !

des *règles* de l'*arithmétique*, pas même les TABLES d'*addition* et de *multiplication*, aurait reconnu aussi bien que moi que vos 2 premiers *résultats* étaient *faux;* et aussi le 3e, si elle avait connu les TABLES d'*addition* et de *multiplication*. Ce livre qui contient ce *fait*, impossible en apparence, mais réel, puisque c'est un *fait logique*, ne coûtant que 3 *francs*, vous voyez qu'il vous est facile d'en savoir autant que moi.

Le *dialogue* étant terminé, je reprends la parole pour mon propre compte, et dans l'intérêt de la clarté des idées, et pour que l'esprit du lecteur ne fasse pas fausse route, en me faisant dire ce que je ne dis pas, je dois lui rappeler ces 5 choses :

La 1re. Qu'un *arithméticien* du 1er *ordre* n'est susceptible de se tromper, en *divisant* un nombre PAR un autre, qu'à l'égard d'une division *telle* que son esprit constamment tendu y éprouve une grande fatigue.

La 2e. Que l'*erreur* qui ne porte pas sur l'*espèce* du *quotient* et du *reste*, laquelle fait l'objet du *nota* des nos 502, 504, 506, 508, est la plus rare de toutes. Quand on *multiplie* le *diviseur* par le nombre du *quotient*, et qu'on ajoute le *reste* au *produit*, on *retrouve* généralement le chiffre de *droite* du *dividende;* c'est quelqu'un des *autres* chiffres du *dividende* qu'on ne retrouve pas toujours, mais enfin l'*erreur*, quant au chiffre *impair* de *droite* du *dividende*, n'est pas *impossible*.

La 3e. Que pour abréger le *dialogue*, j'en ai exclu l'*erreur* dont il s'agit au 1er *cas* du n° 508, parce qu'il y a *certitude morale* que *celle-là* ne peut avoir lieu. Le lecteur peut l'y introduire s'il veut, puisqu'elle n'est pas impossible.

La 4e. Que, dans la supposition d'une opération fatigante, il est sans doute extrêmement probable que le *calculateur* ne passera pas par les 3 *résultats* FAUX, *avec certitude absolue*, avant d'obtenir le 4e *résultat* DOUTEUX; mais il suffit que, pour une telle division, PAUL puisse trouver le 1er *résultat* FAUX, PIERRE le 2e, et JEAN le 3e, pour que, au point de vue *théorique*, j'aie le *droit* de les attribuer tous les 3 au même *calculateur*, puisqu'ils sont compris parmi les *faits possibles*.

La 5e. C'est que le *lecteur* peut composer lui-même un *dialogue* analogue, à l'égard d'une *division* dont le *dividende* et le *diviseur* PAR sont *pairs* l'un et l'autre, ou bien le *dividende impair* et le *diviseur pair*, ou encore le *dividende pair* et le *diviseur impair*.

La *question* de ce qui peut *arriver* à l'égard d'une *division* PAR considérable, et par conséquent susceptible d'*erreurs*, est donc épuisée.

529. CURIEUSE REMARQUE sur la SUPÉRIORITÉ, d'un instant, qu'a le plus humble qui sait un *principe* sur la plus érudit qui *ne le sait pas.*

Quand j'étais à l'*École Polytechnique*, il se disait parmi les élèves que le grand géomètre LAPLACE, l'illustre auteur du *système du monde*, alors vivant, que quelques niais ont accusé d'avoir dit : *désormais* l'idée de DIEU *n'est plus nécessaire*, ne pouvait parvenir à faire une *opération* d'*arithmétique* exempte d'*erreurs*, ce qui tenait évidemment à ce qu'il avait perdu l'habitude des *calculs* qu'il livrait à son secrétaire. S'il eût fait une *division* violant le *principe* de l'*espèce*, alors inconnu, et que le *hasard* eût donné cette *lumière* à son secrétaire, celui-ci aurait donc pu lui dire : votre opération est *fausse*, et en voici la raison. Certes LAPLACE eût été fortement contrarié, non pas de s'être trompé en calculant, ce qui est dû à un défaut de mémoire, et non à un vice de raisonnement, mais de ce que son secrétaire lui enseignait un *principe* d'*arithmétique* qu'il ignorait.

Ce cas singulier du plus humble rectifiant le plus érudit ne se présente pas seulement dans la science des nombres. Voici un exemple bien plus éclatant qui tient au *grand principe* des *parties inutiles* que j'ai amplement développé dans mon COURS d'*arithmétique* savante, *sans maître*, et que je livre à la sagacité de tous les *chercheurs :*

Dans la ligne de *mâle* en *mâle :* de qui parle-t-on, quand on dit :

L'AIEUL du NEVEU du PÈRE du COUSIN GERMAIN du FILS de l'ONCLE du PETIT FILS de PAUL

en supposant que la *filiation* qui se rattache à ce PAUL est *telle* que cette expression ait un *sens ?*

RÉPONSE. On parle de ce PAUL lui-même, et de lui seul; on peut donc poser = PAUL : les 7 *termes* de *rapport* de *parenté* pouvant être supprimés, parce qu'ils *jouent* un *rôle inutile*, quant a la *valeur* de l'expression; Dont ACTE.

Les personnes qui connaissent mon Cours d'Arithmétique savante, sans maître, voient bien que c'est là une vérité scientifique analogue à celle qui a lieu pour la *question* suivante :

DE QUELLE longueur parle-t-on? quand on dit par exemple :

4 *tiers* de 5 *septièmes* de 7 *cinquièmes* de 3 *quarts* de *mètre*

Réponse. On parle du *mètre* : attendu que les 4 *signes mixtes*, 4 *tiers*, 5 *septièmes*, etc., lesquels résument 8 *signes* de *rapport* de *grandeur*, puisque 4 *tiers* est là pour 4 • le *tiers*, et ainsi des autres, peuvent aussi être supprimés comme jouant un *rôle inutile*, quant à la *valeur* de l'expression.

Le *terrain* seul est changé; les évolutions de l'esprit sont de même nature; il s'agit dans les 2 cas, du *grand principe* des *parties inutiles*.

Si Monsieur Duruy, le prétendu ami du progrès, au lieu de m'éconduire il y a dix ans, avait *encouragé* mes *travaux* : en outre qu'il aurait *centuplé* les forces intellectuelles de la jeunesse désormais rendue *apte* à recevoir la lumière des sciences mathématiques (1), il m'aurait facilité le moyen de publier un ouvrage assurément fort curieux, dont le TITRE eût été : SCIENCE de l'*arbre généalogique*, dans lequel se serait trouvée la *démonstration* du *fait* dont il s'agit, qui n'est autre chose qu'une *vérité logique* ou *mathématique*, les sciences mathématiques étant les plus nobles filles de la logique (2).

Mon *insuccès* auprès de Monsieur Duruy, quant à la science mathématique pure, m'amène naturellement à raconter un autre *insuccès* plus criant encore que j'ai éprouvé dans ma carrière militaire, quant à la science mathématique appliquée, et que je tiens à rendre public, puisque mes 84 ans m'y autorisent.

Il y a 46 ans : étant capitaine adjoint à la manufacture d'armes de CHARLEVILLE, je fus chargé de l'atelier *où* l'on *rayait* les fusils de rempart, en remplacement d'un officier qui recevait une autre destination, et sous lequel on avait déjà *rayé* plusieurs milliers de ces armes, dont chacune coûtait 80 francs à l'État (3).

(1) Nul ne peut comprendre les sciences mathématiques, s'il ne possède fortement l'*arithmétique* vulgaire savante ou raisonnée.

(2) La *logique* est *une* comme la *raison humaine* dont elle est la conséquence forcée, et comme *Dieu*, l'auteur de toutes choses, est *un*; aussi la langue d'aucun peuple civilisé n'admet le *pluriel* pour aucun de ces 3 faits qui s'offrent ainsi à l'esprit, dans l'ordre chronologique : DIEU, RAISON HUMAINE, LOGIQUE.

(3) On ne *rayait* alors que les fusils de rempart. Les fusils *rayés* de l'infanterie, pour lesquels je fus chargé de faire de nombreuses expériences, quant à la *courbe parabolique* de la *rayure*, à la *charge* et à la *justesse* du *tir*, ne furent adoptés que plus tard. Les expériences, qui avaient lieu tous les jours, furent si longues, car on tira plus de 3,000 coups dont chacun était enregistré et coté, que leur *monotonie* amena un événement extraordinaire où ma vie faillit être compromise; et comme il était déjà arrivé 2 fois : à AUXONNE, dans l'exercice de mes fonctions, et à TOULOUSE, en dehors d'elles, qu'il me fallut une inspiration venue d'EN-HAUT

Chacun sait que les *rayures* ont pour but d'augmenter la justesse du TIR, en imprimant à la balle un mouvement de rotation qui se conserve pendant tout le parcours de la *trajectoire* : or il arrivait que cette justesse était, au contraire, inférieure de beaucoup à celle des fusils de rempart *non rayés*, ce que l'on attribuait à ce que les *rayures* n'étaient pas conformes à celle indiquée par les plans du Comité d'artillerie approuvés par son président d'alors, général DANTHOUARD.

Un instrument vérificateur, établi d'après ces mêmes plans, par M. le colonel PARISOT alors directeur de l'atelier de précision à PARIS, instrument dont un exemplaire était dans mon atelier, faisait effectivement voir aux yeux que les *rayures* n'étaient pas *identiques* à celle voulue, de sorte que le commandant THOUMAS directeur de la manufacture qui était tenu d'envoyer à des époques déterminées plusieurs exemplaires de ces armes à PARIS où les *rayures* étaient vérifiées recevait des reproches continuels sur leur mauvaise confection.

Enclin par ma nature exigeante à chercher toujours la *raison d'être* des choses, je m'avisai de discuter pour moi-même les *données* du *comité*, et au bout de 10 jours de méditations et de raisonnements par analogie, je parvins à me convaincre de la vérité de ces 3 *faits* :

1° Que la *courbe* ou *spirale* indiquée par les *plans* du *comité* était FAUSSE; et par suite aussi celle tracée sur l'instrument vérificateur, puisqu'il était établi d'après les mêmes plans.

2° QUELLE ÉTAIT la *courbe* que devait former la véritable *rayure?*

3° Et par suite enfin : que les mauvaises rayures que l'on faisait à la manufacture se trouvaient, *par hasard*, moins mauvaises que celle tracée sur l'instrument vérificateur.

Pour montrer ce 3e *fait* aux yeux : comme l'instrument vérificateur était formé d'un *demi-cylindre* creux en *cuivre*, de la longueur du fusil de rempart, sur lequel cylindre la *courbe* du *comité* était tracée en *points* de *diamant*, je traçai avec beaucoup de peine au crayon, et à côté d'elle, la véritable courbe dont tous les points m'étaient parfaitement connus.

Cela fait, je fus trouver le directeur pour qui ma découverte, on

pour que j'évite une mort presque certaine : La Providence divine m'a donc protégé 3 fois, et les détails de ces 3 évènements, s'ils n'étaient trop longs à raconter, en convaincraient les plus incrédules.

le sent bien, fut un événement immense, car il était accablé par les reproches qu'il recevait; aussi s'établit-il entre lui et moi le dialogue suivant :

Lui. Êtes-vous sûr de ce que vous m'annoncez ?

Moi. Très-sûr, la science ne trompe pas.

Lui. Comment le prouvez-vous ?

Moi. Êtes-vous rouillé avec les mathématiques ou les avez-vous encore présentes à l'esprit ?

Lui. Avant de venir ici, j'étais inspecteur des études à l'école Polytechnique.

Moi. Tant mieux, car vous allez me comprendre de suite ;

La vraie *rayure* doit être un ARC de *parabole* dont le *sommet* est au *point* de *départ* de la balle; et cet arc de parabole dont tous les éléments me sont connus forme une *spirale*, quand il est roulé autour du cylindre de l'âme du canon. J'ai tracé cette *spirale parabolique* au crayon sur l'instrument vérificateur, et vous allez voir de vos yeux, que nos mauvaises rayures sont moins mauvaises que celle de l'instrument qui les vérifie.

Lui. Après être venu à l'atelier et avoir vu, de ses yeux, la vérité du *fait* sur plusieurs fusils soumis à la vérification :

Préparez votre rapport sur ce grand fait, car je vais l'annoncer aujourd'hui même au général SCHOULER, inspecteur général des manufactures d'armes.

Moi. Faites, le reste me regarde.

Peu de jours après, le directeur me fit appeler et me lut une lettre du dit général fort dure pour lui et très-disgracieuse pour moi, car il y était dit : « au lieu de vous occuper des *rêveries creuses* de M. le capitaine Guy, vous feriez mieux de donner plus de soins à la fabrication des rayures qui sont par trop défectueuses. »

Après m'avoir lu le compliment qui m'était fait en place de remerciements, il me demanda si mon rapport ou mémoire était prêt.

Comme j'avais prévu quelque chose de cette nature, j'avais rédigé le mémoire avec le mordant légitime que provoquait un tel accueil fait au zèle avec lequel j'avais rempli mon devoir d'officier intelligent, je le remis donc au directeur.

Le lendemain il me fit appeler et me dit : je ne puis envoyer votre mémoire, les règlements militaires s'y opposent, rien de ce qui peut froisser l'amour propre de l'autorité supérieure ne peut être transmis hiérarchiquement. Je lui répondis : vous êtes parfaitement libre de rester sous le coup des reproches que vous recevez, mais moi, je n'accepte pas celui de *rêveries creuses;* le sel que j'ai mis dans l'expression de ma pensée n'a rien qui dépasse les bornes, je ne puis donc y rien changer.

Comme j'étais maître de la situation, je résistai à toutes ses instances, bien convaincu que les règlements finiraient par avoir tort; et effectivement il envoya mon mémoire *tel quel.*

Après quinze jours, plus ou moins, il reçut du même général l'ordre suivant : « Le mémoire du capitaine Guy est vrai en tout. Vous direz à cet officier de rectifier comme il l'entendra l'instrument vérificateur, il en établira un autre s'il veut, en un mot il a le pouvoir absolu d'établir les rayures d'après ses principes. »

Certes, ces paroles effaçaient honorablement les *rêveries creuses.* Mais à qui le général SCHOULER dut-il cette lumière qu'il n'était pas de force à acquérir par lui-même? Je ne l'ai jamais su. J'ai toujours pensé que ce dût-être ou à PIOBERT, membre de l'Académie des sciences et officier d'artillerie ou à MORIN, également officier d'artillerie et membre de l'Académie des sciences, lequel est actuellement directeur du Conservatoire des Arts et Métiers.

Quoi qu'il en soit : il y a pour les officiers de l'armée d'autres récompenses que de belles paroles, alors surtout qu'il s'agit d'un service qui a arrêté la *lourde faute* de faire dépenser à l'État plusieurs millions pour fabrication de mauvaises armes de guerre; or cette récompense effective n'est jamais venue :

Quant aux décorations : 2 ans avant ce service, j'avais été nommé membre de la Légion d'honneur au combat du col de TÉNIA, lors du 1er passage de l'*Atlas* par l'armée française, et j'ai été mis en retraite 20 ans après étant toujours simple chevalier de la Légion d'honneur.

Quant aux grades : officier d'artillerie dès l'âge de 19 ans, j'ai été nommé commandant 33 ans après, à 52 ans, quand j'avais *rasé de toutes mes dents*, c'est-à-dire à l'ancienneté.

On sent bien que je n'ai pas raconté cette anecdote pour réclamer de l'avancement. Agé de 84 ans, je ne connais que trop celui qui m'attend. C'est donc un cri de douleur que je jette en quelque sorte du bord de la tombe, croyant avoir le droit et le devoir de le jeter. Le droit! Qui oserait le nier? Le devoir serait-il contestable, alors qu'il s'agit de l'intérêt public, de l'intérêt de l'armée? Pauvre armée qui souffre et n'a pas le droit de se plaindre! Comme nos régions vinicoles, elle est la proie d'un ver rongeur qui ruine ses forces virtuelles, car elle aussi à son *phylloxéra*, le népotisme! Il est grand temps que le législateur le regarde en face, et soit résolu à employer le seul remède qui soit capable de l'extirper, sans qu'il soit besoin d'offrir 300 mille francs de prime à celui qui le découvrira : Ce remède étant contenu dans ce principe depuis longtemps formulé si judicieusement par le général de Préval, sauf qu'à mon sens, le mot *identiques* est trop fort, je lui préférerais celui *analogues* :

« La société militaire doit reposer sur des principes identiques à ceux qui régissent la société civile. »

FIN.

www.ingramcontent.com/pod-product-compliance
Ingram Content Group UK Ltd.
Pitfield, Milton Keynes, MK11 3LW, UK
UKHW012044240726
13965UKWH00003B/1026